한눈에 알아보는 우리 생물 4

화살표 **물속생물**
도감

한눈에 알아보는 우리 생물 4

화살표 **물속생물 도감**

펴낸날 | 2017년 5월 8일
글·사진 | 권순직, 전영철, 김명철

펴낸이 | 조영권
만든이 | 노인향
꾸민이 | 정미영

펴낸곳 | 자연과생태
주소_서울 마포구 신수로 25-32, 101(구수동)
전화_02) 701-7345~6   팩스_02) 701-7347
홈페이지_www.econature.co.kr
등록_2007-000217호

ISBN: 978-89-97429-75-2 93490

권순직, 전영철, 김명철 ⓒ 2017

한눈에 알아보는 우리 생물 4

화살표 물속 생물 도감

글·사진 **권순직**
전영철
김명철

자연과생태

인간에게 가장 중요한 물질이 무엇일까요? 이 질문에 많은 사람이 망설임 없이 물과 공기라고 답할 것이며, 물이 없다면 우리는 당연히 며칠밖에 버티지 못할 것입니다. 그래서 우주탐사에서 가장 먼저 탐색하는 것 중 하나가 물일 테지요. 그런데도 야외조사를 다닐 때면 오염된 하천이나 각종 공사로 훼손된 자연을 마주하곤 해 안타까운 마음이 쉽게 가시질 않습니다.

이런 상황에서 우리는 눈에 잘 보이지도 않을 뿐더러 이름마저 들어본 적 없는 물속생물에게는 얼마만큼 관심을 기울일 수 있을까요? 많은 사람이 물고기에 대해서는 어렸을 때부터 접할 기회가 많아 상대적으로 관련 지식을 많이 알며, 최근에는 낚시 전문 TV 채널과 스마트폰 어플리케이션까지 생겼기에 굳이 어렵게 공부하지 않아도 물고기 정보를 접할 기회가 많습니다. 이는 우리가 물고기를 단순히 먹이자원으로서 뿐만 아니라 레저 스포츠의 하나로 인식하기 때문일 것입니다.

이처럼 친숙한 생물인 물고기가 먹고 살아가는 것이 바로 물속생물, 즉 저서성 대형무척추동물입니다. 반대로 물고기가 어릴 때는 그들의 먹이가 되기도 하지요. 이런 관계가 하나의 작은 생태계를 이루고 나아가서는 복잡한 생태계를 구성하는 일부분이 됩니다. 우리는 이런 생태계를 동네의 작은 연못에서도 만날 수 있으며, 규모가 큰 강에서도 찾을 수 있습니다.

우리는 학교에서 하루살이, 잠자리 등에 대해 배우지만, 이들이 물속에서 유충으로 오랫동안 사는 반면 물 밖에서 성충으로 살아가는 시기는 아주 짧다는 사실은 잘 알지 못합니다. 이 외에도 수많은 저서성 대형무척추동물이 다양한 물환경에 적응해 살며, 이들은 우리 생활과도 밀접한 관련이 있습니다. 예를 들어 재첩이나 다슬기, 참게 등은 먹거리로, 논우렁이는 친환경 농법의 소재로 이용됩니다.

다행히 '수생태 건강성' 개념이 도입된 이후부터는 환경을 대변하는 지표생물로서의 가치를 인정받아 저서성 대형무척추동물에 대한 관심이 조금씩 높아지는 추세입니다. 하지만 아직 저서성 대형무척추동물의 정보가 적은 것이 현실이어서 글이나 그림만으로는 이해하기 어렵다는 하소연을 많이 듣곤 했습니다. 저희가 저서성 대형무척추동물을 대중에게 알리는 마중물 같은 책을 만들기로 한 이유입니다. 주변에서 쉽게 만날 수 있는 종을 선정했으며, 종을 쉽게 구별할 수 있도록 주요 동정 포인트를 화살표로 짚고 간단한 설명을 추가해 독자 여러분의 이해를 돕고자 했습니다. 이 책이 저서성 대형무척추동물의 다양성과 중요성을 깨닫는 데 조금이나마 도움이 되길 바랍니다.

이 책은 현장에서 연구를 수행해 온 많은 연구자의 노력과 성과를 바탕으로 만들었습니다. 혹여 부족하거나 잘못된 부분이 있으면 조언해 주시길 부탁드립니다. 저희는 앞으로도 동료 연구자들과 함께 물속생물의 세상을 더욱 깊이 들여다보고, 그 내용을 대중과 공유하기 위한 노력을 지속해 나가겠습니다. 끝으로 출간하는 데 도움을 주신 한국잠자리연구회 정광수 박사님과 〈자연과생태〉의 모든 분께 감사 인사를 드립니다.

2017년 봄날
저자 일동

꼭 읽어 보세요

- 이 책에서 말하는 물속생물이란 물속에 사는 생물 중 척추가 없는 동물, 즉 담수산 저서성 대형무척추동물을 가리킵니다. 우리나라에는 약 1,000종 이상이 기록되어 있으나, 여기서는 주변에서 비교적 쉽게 관찰할 수 있는 311종을 선별했고, 분류군에 따라 18개 무리로 나누었습니다.

- 분류학적 정보가 미흡한 분류군은 속(genus) 또는 과(family) 수준에서 정리했으며, 아직 발표되지 않은 종은 전문가 의견과 관련 문헌에 근거해 소개하는 데 의의를 두었습니다. 속이나 과 수준에서 동정된 분류군과 국명이 확정되지 않은 종은 상위분류군의 국명을 따라 '-류'로 명명했습니다.

- 종의 나열 순서는 원칙적으로 '제4차 전국자연환경조사 지침(국립생태원, 2016)'에 근거했습니다. 특히 연체동물문 분류는 『신원색한국패류도감(민패류박물관, 2001)』에 기초해 정리했으며, 하루살이목은 『곤충연구지(정 등, 2011)』, 잠자리목은 『한국 잠자리 유충(정, 2011)』, 강도래목은 『Checklist of the Korean Plecoptera (Hwang and Murányi, 2015)』, 날도래목은 『한국산 날도래목의 분류학적 연구(황, 2006)』의 체계에 따라서 정리했습니다. 또한 현시점에서 분류체계에 변화가 있는 분류군은 해당 내용을 최대한 반영했으나, 학술적으로 정리가 필요한 분류군은 추후 연구자 몫으로 남겨 놓았습니다.

- 수록 사진은 모두 저자들이 현장과 실내에서 직접 촬영한 것입니다. 전체 형태와 함께 종을 동정하기 위한 분류형질을 가급적 포함하도록 찍었으며, 필요한 경우에는 세부 사진을 추가했습니다. 주요 동정 포인트를 화살표로 표시해 독자가 쉽게 종을 구별하도록 했으나, 이는 분류학에서 적용하는 분류형질과 차이가 있을 수 있습니다.

- 형태와 생태 특징은 기본적으로 문헌에 기초해 서술했으며, 저자들이 다년간 연구하며 얻은 경험적인 내용을 포함했습니다. 다만 분류군별 크기나 몸 색깔은 기존에 알려진 바와 다를 수 있습니다. 먹는 방법과 행동은 각각 섭식기능군 및 서식습성을 의미하고, 보이는 곳은 서식지 유형으로만 한정했습니다.

- 환경질점수는 '제2차 전국자연환경 조사 지침(환경부, 2000)'에 근거했으며, 점수 범위는 1~4입니다. 점수가 높을수록 환경변화에 민감하게 반응하는 종이며 낮을수록 교란에 대한 내성도가 높은 종에 해당합니다.

- 관리현황은 각 종의 멸종위기야생생물(환경부령 제457호), 국외반출승인대상생물자원(환경부고시 제2016-81호), 한반도 고유종(국립생물자원과, 2011)의 지정 유무를 의미합니다.

차례

물속생물 이해하기

무리별 특징 알아보기

생김새로 알아보기

플라나리아 무리

연가시 무리

이끼벌레 무리

복족 무리

이매패 무리

지렁이 무리

거머리 무리

새각 무리

연갑 무리

하루살이 무리

잠자리 무리

강도래 무리

물속생물
이해하기

물속생물이란?

이 책에서 말하는 물속생물은 담수산 저서성 대형무척추동물(benthic macroinvertebrate)을 가리킨다. 이것은 하천이나 호소 등 담수에 사는 생물 중에서 바닥을 생활터전으로 하며 육안으로 식별할 수 있는 척추가 없는 동물을 통칭하는 용어이다. 이들은 생활사의 전부 또는 일부를 물속이나 물가에서 보낸다. 이와 같은 저서성 대형무척추동물에는 편형동물문, 유선형동물문, 연체동물문, 환형동물문, 절지동물문 등 많은 분류군이 포함된다. 이 중에서 우리나라에 사는 담수산 저서성 대형무척추동물의 70% 이상을 절지동물이 차지하며, 특히 절지동물 중에서도 곤충은 종수와 개체수가 가장 많은 무리이다.

일반적으로 담수생태계는 계류, 평지하천, 강과 같은 유수생태계(lotic ecosystem)와 산지습지, 논, 연못, 저수지와 같은 정수생태계(lentic ecosystem)로 나눌 수 있으며, 저서성 대형무척추동물은 이처럼 다양한 환경에 적응해 살아간다. 그런데 동일한 수계에 살더라도 종에 따라서 선호하는 미소서식환경은 뚜렷하게 차이가 난다. 즉 하천의 바닥 상태, 물 흐름 등의 물리적 요인과 용존산소, 수질상태 등 화학적 요인, 수변에 형성된 식물군락과 면적 등 생물적 요인에 따라 서식하는 저서성 대형무척추동물의 종과 개체밀도가 다르다.

저서성 대형무척추동물은 행동과 먹는 방법에 따라 각각 서식습성군(functional habit groups) 및 섭식기능군(functional feeding groups)으로 구분할 수 있다. 먼저 서식습성군은 각 미소서식환경에 적응해 살아가는 방식에 따라 구분하는데, 크게 지치는 무리(skaters), 부유하는 무리(planktonic), 잠수하는 무리(divers), 헤엄치는 무리(swimmers), 붙는 무리(clingers), 기는 무리(sprawlers), 기어오르는 무리(climbers), 굴파는 무리(burrowers) 등으로 나눌 수 있다. 또한 저서성 대형무척추동물은 먹이원에 따라 식식자(herbivore), 육식자(carnivore), 부식자(detritivore)로 크게 구분하며, 먹이원의 종류와 먹는 방법에 따라 썰어먹는 무리(shredders), 주워먹는 무리(gathering collectors), 걸러먹는 무리(filtering collectors), 긁어먹는 무리(scrapers), 잡아먹는 무리(predators), 수액빠는 무리(herbivorous piercers), 기생하는 무리(parasites)로 구분할 수 있다.

저서성 대형무척추동물은 오랜 기간 담수생태계의 다양한 환경에 적응해 왔기에 종 특유의 서식 영역이 있고 종에 따라 환경변화에 대한 반응이 달라 물환경 상태를 진단하거나 건강성을 평가하는 지표생물로서 폭넓게 활용된다. 이에 따라 최근에는 물환경의 생물평가(bioassessment) 및 생물모니터링(biomonitoring)에 많이 적용하는 추세이며, 지표성을 활용하는 간단한 수질판정 기법도 마련되어 있다.

보이는 곳

　담수생태계는 크게 고도에 따라서 물이 한 방향으로 지속적으로 흐르는 유수생태계와 흐름이 없이 일정한 공간에 정체되어 있는 정수생태계로 나눌 수 있다. 저서성 대형무척추동물은 거의 모든 담수생태계에 있으나, 서식지 유형에 따라 군집을 구성하는 종과 개체밀도는 차이가 있다. 여기서는 유수역 서식지를 계류, 평지하천, 강, 하구로 구분했으며, 정수역 서식지를 산지습지, 논, 연못, 저수지로 세분했다. 그러나 저서성 대형무척추동물의 출현 양상에는 국지적인 규모에서 미소서식처의 환경요인(여울, 소, 유속, 하상입자, 수심 등)이 더 직접적으로 영향을 미친다.

유수역 서식지

계류

계류는 계곡 사이를 흐르는 하천으로 대개 산지를 흐르는 하천의 상류부가 해당한다. 계류는 경사도가 크기 때문에 유속이 빠르며 수변식생 때문에 그늘지는 곳이 많아 연중 수온 변화가 적고 용존산소가 풍부하다. 또한 하상은 대체로 암반이나 호박돌 등 비교적 큰 돌이 주를 이룰 뿐만 아니라 여울과 소가 반복적으로 나타나며 낙엽과 나뭇가지 등의 잔사물이 지속적으로 공급되어 다양한 미소서식처가 형성된다. 더욱이 계류는 유역 내에 오염원이 거의 없으므로 청정한 물환경을 대표하는 하루살이와 강도래, 날도래 무리 등 민감종을 중심으로 생물다양성이 높다.

계방천(강원도 홍천군 내면)

오대천(강원도 평창군 진부면)

평지하천

평지하천은 평지를 흐르는 하천을 의미하지만, 계류와의 경계가 명확하지 않으므로 산지 하부에서부터 시작하는 것으로 정의하며 걸어서 건너갈 수 있는 대부분의 하천(wadable stream)이 포함된다. 평지하천의 일반적인 서식환경은 수피도(canopy)가 낮으며 하폭에 비해 수폭이 좁고 하상에는 호박돌 및 자갈, 모래 등이 혼재한다. 특히 규모가 큰 평지하천은 하중도와 범람원, 배후습지 등이 발달해 다양한 미소서식처를 근간으로 저서성 대형무척추동물의 종다양성과 개체밀도가 높다. 그러나 우리나라의 많은 평지하천은 대체로 농경지 또는 주거밀집지를 관류하므로 하천생태계를 교란할 수 있는 오염원이 산재하며, 이수와 치수를 목적으로 다양한 하천사업이 시행된 사례가 많아서 자연성이 보전된 하천이 적은 편이다.

내성천(경상북도 예천군 개포면)   영평천(경기도 포천시 영중면)

강

강은 대체로 규모가 큰 하천 또는 본류를 의미하지만, 평지하천과 명확하게 구별하기는 어렵다. 따라서 강은 수심이 깊어서 평지하천과 달리 걸어서 건너편으로 건너갈 수 없는 대하천으로 정의했으며, 기본적으로는 하천 규모를 고려해 강으로 명명된 하천을 포함했다. 강은 하천이 유하하면서 여러 지류가 유입되므로 유량이 풍부하고 수심이 깊을 뿐만 아니라 부유물질이 많아 탁도가 높으며 유속이 매우 느리고 하상은 모래와 실트 등 매우 가는 입자로 이루어진 것이 일반적이다. 그러나 동강이나 섬진강과 같이 여울이 발달하고 호박돌 및 자갈로 이루어진 경우도 있다. 강에 서식하는 저서성 대형무척추동물은 바닥에 퇴적된 유기물을 주워 먹는 무리의 구성비가 높지만, 대체로 생물다양성은 상대적으로 낮은 편이다. 특히 최근 시행된 대규모 토목공사는 급격한 물리적 환경 교란을 유발해 생물서식환경 단편화 및 생물다양성 감소에 영향을 미쳤다.

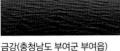

금강(충청남도 부여군 부여읍)　　　　섬진강(경상남도 하동군 화개면 덕은리)

하구

하구는 평지하천 또는 강이 바다로 유입되는 어귀로서 담수와 해수가 혼합되는 전이지역을 의미하며 하구언이나 방조제 등으로 차단된 폐쇄형 하구는 제외했다. 하구는 일반적으로 생산성이 높은 생태계이지만, 지속적인 개발 압력에 노출되어 있으며 하천에 비해 하구생태계 보전을 위한 관심과 제도적 지원이 매우 미흡하다. 하구는 바다에 근접할수록 염분 농도가 높아지므로 생물상은 점차 단조로워져 갯지렁이류 일부 종의 점유율이 높아지고 수서곤충류의 출현율은 급감한다.

남상천(전라남도 장흥군 용산면)　　　　주수천(강원도 강릉시 옥계면)

정수역 서식지

산지습지

산간 지역에 형성된 습지로서 항시 수분을 함유하는 서식처로 정의했으나, 산지습지는 다소 포괄적인 개념으로 이를 명확하게 규정하기는 어렵다. 여기서는 태백산맥을 따라 동부산악지역에 위치하는 왕등재습지, 신불산습지, 질뫼늪습지 등 이탄층이 발달한 산지습지와 제주도의 물영아리습지와 1100고지습지 등 화산활동으로 형성된 습지를 포함했다.

왕등재습지(경상남도 산청군 삼장면)

신불산습지(경상남도 양산시 원동면)

논

논은 바닥이 편평하며 가장자리를 따라 흙으로 두렁을 만들고 물을 대어 작물을 재배하는 생태계로서 주로 벼를 재배하지만 이 외에도 왕골, 택사, 미나리, 연근 등을 재배하기도 한다. 또한 논은 관행농지와 유기농지, 휴경논 등 형태가 다양하며, 적용 농법 및 연중 경작시기에 따른 서식환경의 변화는 서식하는 저서성 대형무척추동물의 종류와 생활사에 영향을 미친다. 한편 웅덩이의 방언인 둠벙은 논과 인접해 논에 물을 대기 위해 만들어 놓은 소류지로서 논생태계와 밀접한 관계가 있으나, 둠벙은 서식지 유형 구분에 따라 연못 서식처에 포함했다.

논(충청남도 청양군 화성면)

휴경논(경상북도 울진군 죽변면)

연못

못이라고도 부르는 연못은 넓고 오목하게 팬 땅에 물이 고인 서식처이며 여러 목적을 위해 인위적으로 형성된 소류지가 많다. 연못의 규모는 장축의 폭이 수 미터에서 수십 미터에 이르기도 하며, 수심은 1m 내외로 얕은 편이다. 수생식물이 풍부한 수변부의 연못 서식처에서는 잠자리 및 노린재, 딱정벌레 무리의 종다양성이 높다.

공검지(경상북도 상주시 공검면)

연못(대구광역시 동구)

저수지

골짜기나 강을 인위적으로 막아서 만든 호소로서 목적에 따라 음용수, 농업용수, 공업용수, 발전용수 등을 확보하기 위해 조성된 공간이다. 저수지의 규모는 중소형 농업용 저수지에서부터 대형 댐호와 하구호에 이르기까지 다양하다. 또한 저수지는 대체로 하상이 모래와 실트 같은 가는 입자로 이루어지며, 수심 구배에 따른 수온과 용존산소, 먹이자원 분포 등 환경조건의 변화가 발생한다. 이에 따라서 수심이 깊은 수체의 중심부는 지렁이 무리와 파리 무리의 깔따구과 위주로 생물상이 매우 빈약하지만, 수생식물이 풍부한 수변부는 상대적으로 생물상이 다양하고 개체밀도가 높다.

업성저수지(충청남도 천안시 서북구)

청천저수지(충청남도 보령시 청라면)

먹는 방법에 따른 분류

섭식기능군(functional feeding group)은 먹이의 종류와 먹이를 섭식하는 방법에 따라 분류하는 방법으로서 크게 썰어먹는 무리, 주워먹는 무리, 걸러먹는 무리, 긁어먹는 무리, 잡아먹는 무리, 수액빠는 무리, 기생하는 무리로 구분할 수 있다. 그러나 저서성 대형무척추동물의 섭식 방법은 개별 종마다 하나 이상이 혼재하거나 성장 단계에 따라서 다양한 방식으로 변하기도 한다.

썰어먹는 무리 Shredders

낙엽처럼 크기 약 1㎜ 이상인 굵은 유기입자를 먹는 무리로서 이 무리에 속하는 종의 입 구조는 굵은 유기입자를 찢어 먹기에 적합하며, 이들에 의해 분해되고 남은 가는 유기입자는 주워먹는 무리 또는 걸러먹는 무리의 먹이자원으로 재활용된다. 썰어먹는 무리에는 일부 강도래 무리(민강도래과, 흰배민강도래과, 꼬마강도래과 등)와 날도래 무리(우묵날도래과, 네모집날도래과 등)가 포함되며 계류와 같은 하천의 상류부에서 종구성이 풍부하다.

큰그물강도래

띠무늬우묵날도래

주워먹는 무리 Gathering collectors

물의 흐름을 따라 하류로 떠내려오다가 바닥에 퇴적된 가는 유기입자를 섭식하는 무리로서 많은 저서성 대형무척추동물이 이 무리에 해당하는데, 복족류와 하루살이 무리 중 꼬마하루살이과 및 하루살이과, 파리 무리의 깔따구과 등이 주요 구성원이다. 주워먹는 무리는 일반적으로 담수생태계에서 출현종수와 개체밀도가 높으며, 특히 평지하천과 강에서 구성비가 매우 높다.

강하루살이

가는무늬하루살이

걸러먹는 무리 Filtering collectors

가는 유기입자를 섭식한다는 점에서는 주워먹는 무리와 동일하지만, 물의 흐름을 따라 떠내려오는 수중의 먹이원을 확보하기 위해 그물망을 만들거나 몸의 구조물을 이용한다는 점에서 차이가 있다. 즉 줄날도래과와 각날도래과는 큰 돌 위나 돌 사이에 깔때기 모양 그물망을 만들어 망 속에 걸리는 먹이를 뜯어 먹으며, 빗자루하루살이와 먹파리는 각각 긴 강모열이 있는 앞다리와 머리 위에 있는 부채 모양 구조물(cephalic fan)을 이용해 유기입자를 걸러 먹는다. 우리나라는 유기물양이 풍부하고 호박돌과 자갈로 이루어진 평지하천의 여울 구간에서 줄날도래과를 중심으로 걸러먹는 무리의 개체가 폭발적으로 증식해 우점하는 사례가 많다.

빗자루하루살이

줄날도래의 그물망

긁어먹는 무리 Scrapers

하상에 붙은 부착돌말류(benthic diatom)를 섭식하는 무리를 말한다. 긁어먹는 무리는 튼튼한 쐐기형 큰턱과 기저부의 짧고 강한 강모를 이용해 호박돌과 자갈로 이루어진 하상을 기어 다니면서 먹이를 긁어 먹는다. 또한 대부분의 종은 여울 지역의 하상 표면에 밀집한 부착돌말류를 섭식할 때 빠른 유속에 쓸려가지 않기 위해 체형이 납작하다. 긁어먹는 무리에 해당하는 주요 분류군은 하루살이 무리(알락하루살이과, 납작하루살이과, 피라미하루살이과), 딱정벌레 무리(여울벌레과, 물삿갓벌레과), 날도래 무리(광택날도래과, 가시우묵날도래과 등)가 있으며, 대체로 이화학적 수환경 상태가 양호한 계류와 평지하천의 상류역에서 출현종수와 개체밀도가 높다.

맵시하루살이

물삿갓벌레 KUa

잡아먹는 무리 Predators

살아 있는 먹이를 공격해 섭식하는 무리로 정의할 수 있으며, 크게 잡아먹는 무리(engulfers)와 찔러먹는 무리(piercers)로 구분한다. 잡아먹는 무리는 살아 있는 먹이 전체를 삼키거나 작은 부분으로 쪼개어 먹으며 잠자리 무리와 뱀잠자리 무리, 대부분의 딱정벌레 무리, 일부 강도래 무리(그물강도래과, 강도래과, 녹색강도래과 등)가 이러한 방법을 이용한다. 또한 일부 노린재 무리(물장군과, 장구애비과 등)를 포함하는 찔러먹는 무리는 잘 발달한 앞다리를 이용해 먹이를 포획한 후 뾰족한 입으로 조직을 뚫어 체액을 빨아 먹는다.

먹줄왕잠자리

물자라

수액빠는 무리 Herbivorous piercers

수생식물 및 이끼류, 사상성 조류(filamentous algae) 등을 뾰족한 입으로 찔러 수액을 빨아 먹는
무리로서 일부 노린재(물벌레과 등)와 날도래 무리(애날도래과)가 이에 해당한다.

애날도래 KUa

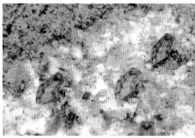

꼬마물벌레

기생하는 무리 Parasites

숙주의 몸에 기생해 에너지원을 확보하는 무리를 일컫는다. 예를 들어 물벌은 대체로 일본가시
날도래의 유충에 기생해 침을 꽂아 체액을 빨아 먹고, 노끈 모양 호흡관을 만들어 물속에서 호흡
한다.

연가시

물벌류

행동에 따른 분류

저서성 대형무척추동물은 하상구조 및 유속, 수변식물 분포 등 여러 환경요인과 밀접한 관계를 가지면서 외부형태학적 적응을 통해 다양한 미소서식환경에 적합한 생활 방식을 채택한다. 이러한 서식 습성은 크게 기는 무리, 붙는 무리, 굴파는 무리, 잠수하는 무리, 헤엄치는 무리, 기어오르는 무리, 지치는 무리로 구분할 수 있다. 저서성 대형무척추동물의 각 종은 생태적 지위와 먹이 섭식 및 행동 방식, 형태적 특징에 따라 적절한 무리에 포함할 수 있다. 다만, 종별 서식 습성은 하나 이상의 다양한 방식으로 나타나거나 성장 과정에 따라 생활 방식이 달라질 수 있다.

기는 무리 Sprawlers

하상 표면을 기어 다니면서 먹이를 섭취하거나 은신하는 무리로서 대부분의 하루살이 무리와 잠자리 무리의 잠자리과, 날도래 무리 중 집을 짓는 종이 이에 포함된다.

고추잠자리

굴뚝날도래

붙는 무리 Clingers

유속이 빠른 여울 서식처를 선호하는 무리로서 주로 부착돌말류를 긁어 먹는 종이 이에 해당한다. 붙는 무리는 빠른 유속에 몸이 떠내려가지 않도록 그물망과 같은 구조물을 만들거나(각날도래과, 줄날도래과) 날카로운 발톱, 납작한 체형, 흡반(suctorial disc) 등 형태적인 특징이 있다(알락하루살이과, 납작하루살이과, 물삿갓벌레과, 멧모기과 등).

부채하루살이

물멧모기 KUa

굴파는 무리 Burrowers

모래 또는 점토성 니(silt) 등 입자가 고운 하상에 굴을 파고 몸을 숨길 수 있는 관을 만드는 무리로
서 하루살이 무리의 하루살이과와 파리 무리의 깔따구과 등이 이에 해당한다.

흰하루살이

동양하루살이

잠수하는 무리 Divers

긴 강모열 등 잘 발달한 뒷다리를 이용해 노를 젓듯이 헤엄치며 잠수하는 무리로서 산소를 얻기
위해 수면 위로 올라왔다가 먹이를 먹거나 위협을 피하기 위해 잠수하는 습성이 있다. 대표적인
수서곤충으로는 노린재 무리의 물벌레과, 딱정벌레 무리의 물방개과 등이 있다.

송장헤엄치게

물방개

물맴이

물땡땡이

헤엄치는 무리 Swimmers

유수 및 정수생태계에서 물고기처럼 헤엄칠 수 있는 무리로서 짧은 시간 동안 헤엄친 후에 바닥이나 수생식물 표면에 붙는 습성을 보인다. 하루살이 무리의 옛하루살이과와 피라미하루살이과, 대부분의 노린재 무리와 딱정벌레 무리 등이 헤엄치는 무리의 습성을 보인다.

옛하루살이

방물벌레

기어오르는 무리 Climbers

수생식물이나 위로 곧게 뻗은 물체에서 수직으로 이동할 수 있는 무리를 의미하는데, 대체로 먹이 섭식을 위해 이동하는 날도래 무리의 우묵날도래과와 먹이 포획을 위해 은신하는 잠자리 무리의 왕잠자리과 등이 이에 해당한다.

큰자실잠자리

캄차카우묵날도래

지치는 무리 Skaters

소금쟁이류 같이 수면 위에서 스케이트를 타는 것처럼 미끄러지듯이 이동하는 무리를 지칭한다.

소금쟁이

광대소금쟁이

물속곤충의 호흡방법

　수서곤충은 물속에서 생활하기 위해 다양한 방식으로 적응해 왔으며, 호흡방식은 크게 공기 중에 있는 산소를 이용하거나 물에 녹아 있는 용존산소를 이용한다.

　공기 중에 있는 산소를 이용하는 곤충은 노린재 무리, 딱정벌레 무리(성충), 파리 무리(일부) 등이 있다. 이 중에서 송장헤엄치게와 물방개과, 물땡땡이과 등의 곤충은 수면 위로 떠올라 배 아랫부분에 공기 방울을 만들어 달고 다니면서 산소를 이용하며, 장구애비와 게아재비, 흰줄꽃등에 KUa, 숲모기류는 긴 호흡관을 물 밖으로 내밀어 공기 중의 산소를 얻는다.

송장헤엄치게

물방개

게아재비

장구애비

흰줄꽃등에 KUa

숲모기류

물에 녹아 있는 용존산소를 이용하는 곤충은 하루살이 무리, 잠자리 무리, 강도래 무리, 뱀잠자리 무리, 딱정벌레 무리(유충), 파리 무리, 날도래 무리가 있다. 이들 몸에는 가슴, 배, 항문 등에 잘 발달한 기관아가미가 있는데, 용존산소를 더욱 효율적으로 흡수할 수 있도록 판 모양, 술 모양, 갈래 모양, 돌기 모양 등 종에 따라서 표면적을 넓히기 위한 모양이 매우 다양하다. 한편 잠자리 무리 중에서 잠자리아목(Anisoptera)에 속하는 종은 직장 안쪽 표면에 주름이 있는 많은 기관을 이용해 호흡한다.

강하루살이

부채하루살이

방울실잠자리

진강도래

노란뱀잠자리

큰줄날도래

왕잠자리

왕잠자리의 직장

물속의 건축가 날도래 무리

　날도래 무리는 서식환경에 따라 모래 또는 작은 돌, 나뭇잎, 나뭇가지 등으로 다양한 집을 짓는 습성이 있으며, 종에 따라 집을 짓는 방식도 다르다.

원통형 집을 짓는 무리

날도래과, 둥근날개날도래과, 둥근얼굴날도래과, 우묵날도래과, 네모집날도래과, 털날도래과, 바수염날도래과, 날개날도래과, 나비날도래과에 속하는 종은 나뭇잎, 나뭇가지, 모래, 작은 돌 등으로 다양한 집을 짓는다. 이때 집 모양과 집을 짓는 재료는 유충 시기와 서식환경에 따라서 달라지기도 한다.

굴뚝날도래

둥근날개날도래

둥근얼굴날도래

캄차카우묵날도래

띠무늬우묵날도래

갈색우묵날도래 KUa

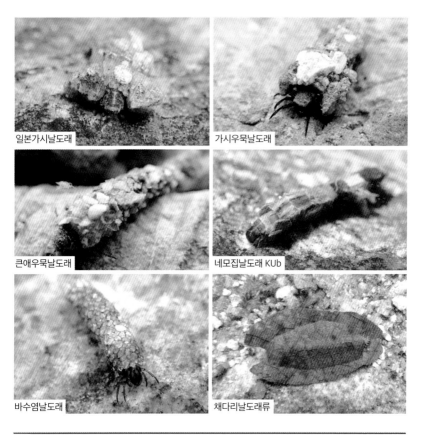

일본가시날도래

가시우묵날도래

큰애우묵날도래

네모집날도래 KUb

바수염날도래

채다리날도래류

안장 모양 집을 짓는 무리

광택날도래과는 모래와 작은 돌로 거북이 등 또는 돔 모양 집을 짓는다.

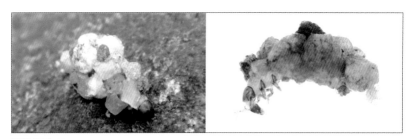

광택날도래 KUa

지갑 모양 집을 짓는 무리

애날도래과는 가는 모래를 이용해 납작한 지갑 모양 집을 짓는다.

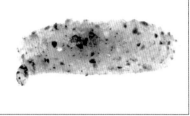

애날도래 KUa

그물을 치는 무리

각날도래과, 입술날도래과, 통날도래과, 깃날도래과, 별날도래과, 줄날도래과는 견사를 내뿜어 큰 돌 위나 돌 사이에 고정된 그물을 친다. 이러한 구조물을 이용하는 종은 그물이 잘 펴지도록 유속이 빠르거나 완만한 여울 지역을 선호하며, 물에 따라 떠내려오는 미세한 유기물 입자 또는 작은 무척추동물 등을 포획해 섭식한다.

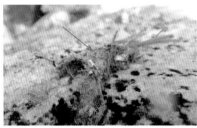

곰줄날도래

줄날도래

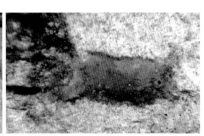

연날개수염치레각날도래

깃날도래 KUa

물속생물 조사방법

　　저서성 대형무척추동물의 현장조사는 크게 정량적인 방법과 정성적인 방법으로 이루어지며, 두 방법은 조사장비와 채집 방법이 다르므로 조사 목적에 따라 적절하게 적용할 필요가 있다.

정량적인 조사방법 Quantitative survey

정량적인 조사방법은 단위 면적(/㎡) 내에 서식하는 저서성 대형무척추동물의 출현종수와 개체밀도를 파악하고 다양한 지수 산출을 통해 대상 수체에 대한 군집 상태나 건강성 상태를 다른 조사지점과 객관적으로 비교할 수 있는 방법이다. 정량적인 방법에 사용할 수 있는 채집장비는 대상 수체의 서식환경에 따라서 적절하게 선택해야 한다. 즉 사람이 건널 수 있는 규모인 계류와 평지 하천에서는 계류형 채집망인 서버넷(surber net)이나 D-net을 이용하는 것이 보편적이며, 수심이 깊고 유속이 정체된 규모가 큰 강이나 정수역의 수변부에서는 드렛지넷(dredge net)을, 선박 위에서 수심이 깊은 지점을 조사할 때에는 그랩 샘플러(grab sampler) 등을 이용한다. 특히 저서성 대형무척추동물의 생태적 특성을 고려해 여울, 소, 흐름 등 대상 수체를 대표할 수 있는 서식처를 선정해 수차례 반복 채집하는 것이 바람직하다. 현장조사 이후에는 사용한 장비의 규격과 반복횟수에 따라 단위 면적당 출현한 저서성 대형무척추동물의 종과 개체밀도를 환산해 기록한다.

계류형 채집망

드렛지넷

그랩 샘플러

정성적인 조사방법 Qualitative survey

정성적인 조사방법은 대상 수체에 서식하는 저서성 대형무척추동물의 생물다양성을 파악하기 위한 방법으로 주로 뜰채(scoop net, hand net)를 사용하지만, 조사장비가 없다 하더라도 돌을 들어올리거나 수변식물 주변을 육안 또는 루페를 사용해 직접 조사할 수도 있다. 정성조사는 특정 미소서식처를 제한적으로 조사하는 정량적인 방법에서 놓치기 쉬운 종(잠자리 무리, 노린재 무리, 딱정벌레 무리 등)을 보완하기 위해 정량조사와 병행할 수 있으며, 대상 수체 내에 있는 여울이나 소, 큰 돌, 수생식물 등 가급적 다양한 미소서식처를 조사해 생물다양성을 확보하는 것이 바람직하다. 현장조사 시 미소서식처에 따라 출현하는 생물을 별도로 기록한다면 추후 개별 출현종의 생태적 특성을 이해하는 데 도움이 된다.

뜰채

족대

육안조사 및 기록

물속생물을 이용한 간이수질평가법

저서성 대형무척추동물은 담수생태계에서 생물다양성이 높고 개체수가 풍부하며, 유수생태계와 정수생태계의 다양한 서식처에 적응해 살아간다. 또한 저서성 대형무척추동물은 물리적(고도, 수온, 유속, 수심, 탁도, 하상 상태 등) 및 화학적(용존산소, 생화학적산소요구량, 영양염 등), 생물학적(수변식물 분포, 포식자 존재 등) 환경요인과 밀접한 관계를 가지며, 각 구성원은 서식과 생존에 적합한 고유의 환경조건을 필요로 한다. 예를 들어 강도래목은 수온이 낮고 수질 상태가 양호한 계류에 서식하지만, 파리목의 깔따구과에 속하는 일부 종은 체내의 헤모글로빈을 이용해 산소가 부족한 혐기성 환경에서도 생존할 수 있다. 따라서 저서성 대형무척추동물은 현장조사에서 확보된 종 정보를 통해 임의 수체에 대한 현재의 환경 상태를 파악하거나 자료를 축적해 변화상을 제시하는 데 도움이 되는 유용한 지표생물이라 할 수 있다. 유럽을 포함한 많은 선진국은 이와 같은 저서성 대형무척추동물의 생태적 특성을 이용한 다양한 지수와 방법을 개발해 수생태계 평가에 폭넓게 적용하고 있으며, 우리나라에서도 최근 생물학적 건강성 평가와 생물모니터링에 직접적으로 도입해 이용하고 있다. 이러한 측면에서 현재 국내에서 개발된 저서성 대형무척추동물을 이용한 다양한 생물학적 평가방법 중에서 일반인이 현장에서 쉽게 활용할 수 있는 간이수질평가 방법을 소개하고자 한다(윤, 1995).

하천생태계에서의 환경상태에 따른 지표종 및 서식지 특성

환경 상태 (표시색)	지표종 예시	서식지 특성
매우 좋음 (A) 파란색	가재, 피라미하루살이속, 납작하루살이과, 뿔하루살이속, 어리장수잠자리속, 강도래목, 검정날개각다귀속, 물날도래과, 각날도래과, 가시우묵날도래 등	• 물: 매우 맑음 • 유속: 빠름 • 하상: 주로 바위와 호박돌, 자갈 • 부착조류: 매우 적음
좋음 (B) 녹색	민물삿갓조개, 재첩속, 동양하루살이, 등딱지하루살이, 물잠자리과, 잔산잠자리속, 춤파리과, 흰점줄날도래 등	• 물: 맑음 • 유속: 약간 빠르거나 보통 • 하상: 주로 자갈과 잔자갈 • 부착조류: 약간 있음
보통 (C) 노란색	논우렁이, 물달팽이, 민물담치, 말조개속, 물벌레속(갑각류), 개똥하루살이, 별날도래 등	• 물: 보통 • 유속: 완만한 흐름 • 하상: 주로 잔자갈과 모래 • 부착조류: 많고 녹색을 띰
나쁨 (D) 주황색	염주쇠우렁이, 또아리물달팽이과, 아시아실잠자리속, 밀잠자리속, 물벌레속(노린재), 점물땡땡이속, 별모기과 등	• 물: 약간 혼탁함 • 유속: 약간 느림 • 하상: 주로 모래 • 부착조류: 매우 많고 갈색을 띰
매우 나쁨 (E) 빨간색	아가미지렁이, 실지렁이, 참거머리, 나방파리과, 모기과, 깔따구과(붉은형), 꽃등에과 등	• 물: 매우 혼탁함 • 유속: 매우 느리거나 정체됨 • 하상: 주로 모래와 실트로 구성 • 부착조류: 매우 많고 회색을 띰

참고문헌: 생물측정망 조사 및 평가지침(국립환경과학원, 2016)

수질판정용 기록용지는 전문 연구자가 개발한 수질판정법을 편리하게 이용하도록 고안한 것으로서 지표생물군의 분류 및 사용법을 숙달한다면 전문 지식이 없더라도 간편하게 활용할 수 있다. 간이수질판정법은 저서성 대형무척추동물을 맨눈으로도 구별이 가능한 총 29개 지표생물군으로 구분하며, 하루살이류와 잠자리류의 일부 분류군을 제외하면 최소 과(Family) 이상에서 동정하는 것만으로도 충분하다. 물론 간이수질판정법은 대상 수체에 대한 개략적인 수질 현황을 파악하기 위한 방법으로서 명확한 생물학적 평가와 환경상태 진단을 위해서는 더욱 정밀한 조사 방법과 지수 등을 적용해야 한다.

저서성 대형무척추동물을 이용한 수질 판정은 현장조사에서 발견한 지표생물군을 다음 절차에 따라 기록용지의 회색란에 표기한 후 간단히 계산하는 것으로 이루어진다. 이때 주어진 기록용지의 '수질등급 및 오탁계급치'에 제시된 숫자는 해당 지표생물군의 오탁계급치를 의미하며, 이는 각 수질등급에 따른 해당 지표생물군의 출현정도를 의미한다. 예를 들어 플라나리아류는 수질 Ⅰ등급에서 3/4 비율로, 수질 Ⅱ등급에서 1/4 비율로 출현함을 뜻한다.

간이수질판정 과정

① 제시된 29개 지표생물군에 따라서 현장에서 채집한 저서성 대형무척추동물을 분류한 후, 수질판정용 기록용지에 '출현군' 또는 '다출현군'으로 구분해 해당 칸에 기록한다.

  – 출현군: 지표생물군 출현 시 해당 칸에 표기

  – 다출현군: 채집한 전체 생물 중 출현빈도가 가장 높은 지표생물군을 하나 또는 두 개 내외로 선정해 표기

② '수질판정'의 A(출현군 계급치 합) 및 B(다출현군 계급치 합)를 산출한다. 이때 현장조사 결과 확인하지 못한 지표생물군은 계산에서 제외한다.

  – 출현군 계급치 합(A): '출현군' 열에 표시된 각 지표생물군에 해당하는 오탁계급치를 각 '수질등급 및 오탁계급치' 열의 하단에 합산

  – 다출현군 계급치 합(B): 위와 동일한 방법으로 '다출현군'에 표시된 각 지표생물군에 해당하는 오탁계급치를 각 '수질등급 및 오탁계급치' 열의 하단에 합산

③ 위의 방법으로 산출된 (A)와 (B)를 합해 '총 계급치 합(A+B)'의 행에 각각 기입한다. 최종적으로 가장 높은 값을 보이는 열이 조사지점의 수질등급이 된다. 다만, 결과값이 동일할 때에는 'Ⅰ-Ⅱ' 또는 'Ⅱ-Ⅲ', 'Ⅲ-Ⅳ', 'Ⅳ-Ⅴ' 등으로 기록한다.

④ 군오염도지수(Group Pollution Index, GPI)는 (A+B)란의 각 오탁도를 도수로 해 Ⅰ급에 대한 오탁지수를 0, Ⅴ급 이하를 4로 구성한 오탁지수의 평균치를 구해 기입한다. 대략적으로 GPI는 값이 낮을수록 양호한 환경상태의 청정한 수체로 판단할 수 있다. 예를 들어 GPI가 1.0 이하이면 Ⅰ급 수역, 1.7 이하는 Ⅱ급 수역, 2.3 이하는 Ⅲ급 수역, 3.0 이하는 Ⅳ급 수역, 3.0을 초과하면 Ⅴ급 수역으로 평가할 수 있다.

저서성 대형무척추동물을 이용한 수질판정용 기록용지 (양식)

하천명				행정구역명				
조사기관			조사자			조사일시		
날씨			수온(℃)			하폭(m)		
수심(㎝)			유속(㎝/sec)			바닥상태		

번호	지표생물군	수질등급 및 오탁계급치					출현군	다출현군
		< V (4)	IV (3)	III (2)	II (1)	I (0)		
1	플라나리아류				1	3		
2	선충류			2	3			
3	실지렁이류	3	2	1				
4	거머리류	1	2	3	1			
5	복족류		2	3	1			
6	부족류		1	2	2			
7	옆새우류, 가재류				1	3		
8	등각류, 새뱅이류		2	3	1			
9	톡톡이류				2	3		
10	개똥하루살이, 연못하루살이, 등딱지하루살이류		2	3	2	1		
11	강하루살이류, 동양하루살이, 납작하루살이류, 세갈래하루살이류, 등줄하루살이			1	3	1		
12	하루살이류(기타)			1	2	3		
13	고려측범잠자리, 쇠측범잠자리			1	2	3		
14	잠자리류(기타)		2	3	1	1		
15	강도래류				1	3		
16	뱀잠자리류			1	2	2		
17	물날도래류, 광택날도래류, 입술날도래류				1	3		
18	날도래류(기타)			1	3	2		
19	여울벌레류, 물삿갓벌레류			1	3	2		
20	딱정벌레류(기타)		1	2	1	1		
21	각다귀류			1	2	2		
22	등에류			1	3	1		
23	나방파리류	3	2	1				
24	먹파리류			1	2	2		
25	깔따구류(붉은색)	3	2					
26	깔따구류(흰색)		1	1	3	2		
27	멧모기류					3		
28	개울등에류					3		
29	꽃등에류	3	2					

수질판정	출현군 계급치 합(A)							
	다출현군 계급치 합(B)							
	총 계급치 합(A+B)	(a)	(b)	(c)	(d)	(e)		
	군오염도지수(GPI)	$\dfrac{(4a+3b+2b+d)}{(a+b+c+d+e)}$						

35

저서성 대형무척추동물을 이용한 수질판정용 기록용지 (예시)

하천명	오대천		행정구역명	강원도 평창군 진부면 동산리	
조사기관	물속생물연구소	조사자	권순직	조사일시	16.10.24
날씨	맑음	수온(℃)	18℃	하폭(m)	25
수심(㎝)	30	유속(㎝/sec)	65	바닥상태	호박돌>자갈

번호	지표생물군	수질등급 및 오탁계급치					출현군	다출현군
		< V (4)	IV (3)	III (2)	II (1)	I (0)		
1	플라나리아류				1	3	○	
2	선충류			2	3			
3	실지렁이류	3	2	1			○	
4	거머리류	1	2	3	1			
5	복족류		2	3	1			
6	부족류		1	2	2			
7	옆새우류, 가재류				1	3	○	
8	등각류, 새뱅이류		2	3	1			
9	톡톡이류				2	3		
10	개똥하루살이, 연못하루살이, 등딱지하루살이류		2	3	2	1	○	
11	강하루살이류, 동양하루살이, 납작하루살이류, 세갈래하루살이, 등줄하루살이			1	3	1	○	●
12	하루살이류(기타)			1	2	3	○	
13	고려측범잠자리, 쇠측범잠자리			1	2	3	○	
14	잠자리류(기타)		2	3	1			
15	강도래류				1	3	○	
16	뱀잠자리류			1	2	2		
17	물날도래류, 광택날도래류, 입술날도래류				1	3	○	
18	날도래류(기타)			1	3	2	○	
19	여울벌레류, 물삿갓벌레류			1	3	2		
20	딱정벌레류(기타)		1	2	1	1		
21	각다귀류			1	2	2	○	
22	등에류			1	3	1		
23	나방파리류	3	2	1				
24	먹파리류			1	2	2	○	
25	깔따구류(붉은색)	3	2					
26	깔따구류(흰색)		1	1	3	2	○	
27	멧모기류					3	○	
28	개울등에류					3		
29	꽃등에류	3	2					
수질 판정	출현군 계급치 합(A)	3	5	11	23	31		
	다출현군 계급치 합(B)				1	3	1	
	총 계급치 합(A+B)	3	5	12	26	32	I 급	
	군오염도지수(GPI)	$\dfrac{(3×4+5×3+12×2+26×1+32×0)}{(3+5+12+26+32)} = 0.99$						

36

무리별 특징
알아보기

플라나리아 무리

p.58

몸은 납작하고 편평하며 머리 부위가 화살촉 모양이다.

편형동물문의 플라나리아 무리는 분절된 몸을 재생할 수 있는 능력이 있는 생물로 유명하며, 몸은 전체적으로 길고 납작하다. 몸은 좌우대칭이며 대체로 갈색이나 회색 등 어두운 색이고 체절로 나뉘지 않는다. 머리는 둥근 화살촉 또는 편평한 직선 모양이며 끝에 안점(eye spots)이 2쌍 있다. 또한 머리 양쪽에는 화학물질 등을 감지할 수 있는 귀 모양 돌출 부위가 있다. 아랫면 가운데에는 인두(pharynx)로 불리는, 먹이를 먹는 데 필요한 튀어나온 관 모양 입이 있는데, 이는 동시에 항문 역할도 한다. 자웅동체이지만 무성생식과 유성생식을 동시에 한다. 생활사는 단순해 고치 속에 낳은 알이 배 발생을 거쳐 어린 개체가 된 후, 계속 성장해 생식기가 발달하면 성체가 된다.

육지, 해양, 담수 등 다양한 환경에 적응해 살며, 습지를 포함해 하천이나 강에서도 관찰되지만 대부분의 종은 해양에 산다. 이동하는 방식은 몸을 덮은 섬모를 움직이거나 근육을 수축해 돌 위 등을 기어 다닌다. 동물성 먹이를 잡아먹는 육식성 포식자이거나 죽은 동물의 사체를 섭식하는 부식자(腐食者)이다. 담수 플라나리아 무리는 대체로 수질환경이 양호한 수체에 서식하지만, 일부 종은 다소 오염된 환경에서도 생존할 수 있을 만큼 내성이 있다.

플라나리아

연가시 무리

p.59

기생성이며 체절이 없다.

유선형동물문에는 350여 종의 담수종이 포함된다. 우리나라에는 약 9종이 기록되어 있고, 이 중에서 연가시는 잘 알려진 대표 종이다. 몸이 체절로 나뉘지 않으며 길고 가는 모양 탓에 철사벌레 또는 철선충이라고도 불리고 외국에서는 말의 꼬리털처럼 생겼다고 해 말총벌레(horsehair worm) 또는 머리카락벌레(hair worm)라고도 불린다. 몸길이는 보통 30~40㎝이며 드물게 1m 이상 자라는 것도 있다. 일반적으로 계곡, 평지하천, 호소 등의 담수에 살며, 종에 따라서 유생은 딱정벌레목과 메뚜기목 또는 갑각류의 몸속에 기생하지만 성체가 되면 숙주 몸에서 빠져나와 물속에서 자유생활을 한다. 무척추동물뿐만 아니라 양서류나 조류 등 척추동물도 숙주로 이용하는데, 숙주 몸에는 대체로 1개체가 기생한다.

생활사는 명확하게 밝혀지지는 않았으나, 성체는 유기퇴적물 또는 흙 속에서 월동한 후 봄에 교미해 암컷이 물속에 수많은 알을 낳는다. 이때 간혹 매듭처럼 서로 엉겨 붙어 교미하는 모습을 볼 수 있다. 유생은 물속에서 곤충 등이 물을 마실 때 몸속으로 들어가 소화관, 체강 등에 정착해 기생생활을 시작하며 숙주 몸속에서 성장해 2~3달 후에 숙주 몸 밖으로 빠져나온다.

연가시

이끼벌레 무리

투명한 젤라틴 모양 군체를 형성한다.

태형동물문은 전 세계적으로 5,000여 종이 보고되었으며 우리나라에는 약 10종이 담수 서식종으로 기록되어 있다. 태형동물문의 이끼벌레 무리는 대부분 기질에 부착해 군체(colony)를 형성한다. 이 중에서 담수환경에 가장 폭넓게 서식하는 종인 큰빗이끼벌레(*Pectinatella magnifica*)는 크기가 1m인 덩어리 모양 군체를 형성하기도 하며 아사지로이끼벌레(*Asajirella gelatinosa*)는 하천 바닥의 돌 위에 얇고 투명한 젤라틴 군체를 만드는 것이 특징이다. 이때 군체는 크기가 1㎜ 이하인 개충(個蟲) 수백만 마리가 모여 만들어진다. 작은 군체는 키틴성 각피를 분비해 큰 덩어리를 형성하며 오래된 군체는 중심부에서 바깥쪽으로 갈수록 살아 있는 개충이 많이 분포한다. 총담이끼벌레과 및 빗이끼벌레과를 포함하는 피후강(Phylactolaemata)의 개충에는 말발굽 모양 촉수관이 있으며, 촉수관 가운데에는 입이 있고 바깥쪽에 항문이 있다. 한편 둥근 휴면아는 가장자리에 가시돌기가 10~22개 있으며 그 끝은 갈고리 모양이다.

북미가 원산지인 큰빗이끼벌레는 우리나라에서 1998년 처음으로 보고된 외래종이다. 따뜻한 수온에서 활발하게 증식하므로 늦봄에서 초가을까지 전국의 하천이나 호소에서 군체를 관찰할 수 있다. 최근에는 대규모 하천사업 시행으로 강의 유속이 느려지고 정체되면서 큰빗이끼벌레가 더 빈번하게 발견되어 주목을 받기도 했다. 이들은 하천의 콘크리트, 나뭇가지, 어망 등에 부착해 군체 크기를 점차 키우며, 조류 및 어류 등을 통해 휴면아가 다른 지역으로 점차 확산하는 것으로 알려진다.

큰빗이끼벌레

복족 무리

p.60~68

나선형으로 꼬인 패각이 있다.

　연체동물 중 가장 다양하고 종수가 많은 복족류는 세계적으로 611과가 있는 것으로 알려지며 우리나라에는 160여 종이 기록되어 있다. 담수환경에서 쉽게 관찰할 수 있는 복족류에는 쇠우렁이과, 논우렁이과, 다슬기과, 물달팽이과, 또아리물달팽이과 등이 있으며 뿔이나 또아리 모양 등 형태가 다양하다. 몸은 전반적으로 비대칭이고 성체로 자라면서 패각이 나선형으로 꼬이는 특성(torsion)이 있으며, 각정부에서 오른쪽 방향으로 감기는 우선형 종이 대부분이다. 아가미가 1~2개 있으며 외투막이 아가미나 허파로 변형되기도 한다. 또한 신경절이 발달하고 자웅동체나 자웅이체로 담륜자(trochophora) 또는 피면자(veliger) 시기가 있다. 패각이 무거워서 대체로 움직임이 느리며, 방어기작으로 패각 안쪽으로 몸을 집어넣고 석회질 또는 키틴질 뚜껑(operculum)으로 각구를 막는 행동을 한다. 대부분 초식성으로 치설을 이용해 먹이를 갉아 먹으며 배설은 신관 1개에서 이루어지고, 신관 끝은 외투강으로 열린다. 간혹 기생충의 중간 숙주로 이용되기도 한다.

　우리나라에서 법적으로 보호하는 주요 복족류는 담수에 서식하는 염주알다슬기를 포함해 기수역에 서식하는 기수갈고둥 및 대추귀고둥 총 3종이 있으며 모두 멸종위기야생생물Ⅱ급으로 지정되었다.

다슬기

수정또아리물달팽이

이매패 무리

p.68~75

키틴질 껍데기 2개로 구성된다.

    이매패류는 전 세계적으로 30,000여 종이 있는 것으로 알려지며 우리나라에 서식하는 주요 분류군은 홍합과, 석패과, 재첩과, 산골과 등이 있다. 형태 특징은 단단한 패각 2개가 부드러운 외투막을 감싸고 있다는 것이다. 이때 패각은 등 쪽의 인대(ligament)로 연결되어 있으며, 인대는 패각을 열고 패각 안쪽의 패각근은 닫는 역할을 한다. 패각 뒤편으로 아래쪽에 입수공, 위쪽에 출수공이 있다. 복족류와 달리 치설이 없으며 머리는 퇴화했다. 도끼 모양 발이 있어 부족류(斧足類)라고도 부르며 이동하거나 모래를 파고 들어갈 때 발을 이용한다. 또한 발에는 판 모양 아가미가 있으며, 아가미는 가스교환뿐만 아니라 글로키디움(glochidium)이라는 유생을 키우는 보육낭(brood pouch) 역할도 동시에 수행한다.

    대부분의 담수산 이매패류는 체내수정을 하며 자웅동체이고 담륜자 또는 피면자가 나타난다. 특히 납자루는 석패과(Unionidae)의 수공(水孔)에 산란관을 내어 알을 낳는 것으로 유명하다. 물속에 떠다니는 플랑크톤과 같은 유기물질 먹이를 걸러서 먹는 여과성 섭식형태(filter feeder)를 취하며, 심장은 심방 2개와 심실 1개로 이루어진다.

    우리나라는 귀이빨대칭이와 두드럭조개 2종을 멸종위기야생생물 I 급으로 지정해 법으로 보호하고 있다.

두드럭조개

산골조개

지렁이 무리

p.76

환대가 있으며 붉은색을 띤다.

환형동물문의 지렁이류는 우리나라에 110여 종이 기록되어 있다. 이 중에서 담수환경에 가장 보편적으로 서식하는 지렁이 무리는 실지렁이속(*Limnodrilus*)이며, 이 분류군은 세계적으로 약 14종이 보고되었다. 몸에 강모가 별로 없어 빈모류(貧毛類)라고도 부르며, 해수보다는 담수에 주로 서식하는 분류군이다. 몸길이는 5~10㎝로 가늘고 길며 체절로 나뉜다. 몸은 키틴질 막으로 싸여 있으며 머리 부분이 뚜렷이 구분되지 않고 다리는 완전히 퇴화했다. 실지렁이는 80~150마디로 구분되며 성숙한 개체에서는 환대가 발달하고 강모는 윗면과 아랫면에 각각 2열로 나란하다. 몸 색깔이 붉은 실지렁이는 간혹 깔따구 유충과 혼동되기도 한다.

유수역과 정수역 등 거의 모든 담수환경에 서식하며, 유속이 완만하고 유기물 퇴적이 심한 곳이나 호소에 더욱 풍부하다. 특히 실지렁이(*Limnodrilus gotoi*)는 오염에 대한 내성이 강해 수질오염을 판정하기 위한 지표생물로 이용된다. 그러나 지렁이 무리에 대한 분류학 및 생태학적 연구는 매우 부족해 종 수준으로 동정하는 것은 매우 어렵다.

실지렁이

거머리 무리

p.77~81

체절로 나뉘고 흡반이 있다.

　대부분 담수환경에서 살지만 해양환경이나 육상의 축축한 환경에서도 발견된다. 거머리 강은 세계적으로 650여 종이 있고, 우리나라에는 약 21종이 기록되어 있으며 넓적거머리과, 참거머리과, 돌거머리과는 유수생태계에서 비교적 흔하게 볼 수 있는 분류군이다. 몸은 길고 납작하며 체절은 종과 몸의 크기와는 관계없이 34마디로 이루어지고 각 체절 중심부에는 촉각 역할을 하는 돌기가 1줄 있다. 몸은 대체로 어두운 갈색이고 종에 따라 밝고 다양한 무늬가 있으며 몸에 강모는 없다. 몸의 양 끝 부분에 근육질성 흡반이 있으며, 뒤쪽의 흡반을 기질에 부착하고 근육을 수축·이완하면서 이동한다.

　변온동물이며 자웅동체로 유성생식을 하고 알주머니에 산란하는 특성이 있으며, 특히 넓적거머리과(Glossiphoniidae)는 산란한 알주머니를 배에 붙이고 다니며 새끼를 돌보는 습성이 있다. 한편 대부분의 거머리는 주변 동물에 들러붙어 체액을 빨아 먹는 기생성으로 히루딘(hirudin)이라는 화학물질을 분비해 일시적으로 숙주의 피가 응고되는 것을 막는다. 거머리과(Hirudinidae) 등 일부 거머리는 달팽이 또는 수서곤충 등을 공격해 섭식하는 포식자이기도 하다.

말거머리

돌거머리

새각 무리

p.81~82

복부는 체절로 나뉘고 논에 주로 서식한다.

절지동물문의 새각강(Branchiopoda)은 대체로 담수환경에 적응한 원시 분류군으로서 투구새우류, 풍년새우 등을 포함하며, 물벼룩이 대표 종이다. 전 세계적으로 1,000여 종이 있는 것으로 알려지며, 과거에는 이에 속하는 종을 갑각강에 포함했으나 최근에는 갑각강이 갑각아문(Crustacea)의 상위 분류군으로 승격되면서 새각강의 하위 그룹으로 분류하는 추세다.

겹눈이 있으며 복부는 체절로 나뉘고 마지막 복부 체절에는 두 갈래인 꼬리가 있다. 배갑목의 긴꼬리투구새우(*Triops longicaudatus*)는 머리와 윗면에 큰 방패 모양 배갑(carapace)이 있으며 배 끝에 긴 꼬리가 1쌍 있다. 무갑목의 풍년새우(*Branchinella kugenumaensis*)는 배갑이 없으며 짧은 꼬리가 1쌍 있다. 긴꼬리투구새우와 풍년새우는 부속지를 일정한 방향으로 움직이면서 앞으로 이동하는 습성이 있다. 조개벌레류는 패각 2개에 덮여 있어 생김새가 조개와 유사하다.

자유유영하는 유생인 노플리우스(nauplius) 유생시기를 거쳐 성장하며, 먹이를 먹거나 이동에 이용하는 부속지 여러 개가 생기고 다른 갑각류와 마찬가지로 수차례 탈피 과정을 거친다. 또한 일부는 흙 속에서 알 상태로 월동하며 건조한 환경에서는 휴지기를 거쳐 부화에 적합한 환경이 될 때까지 오랜 시간을 견딜 수 있는 종도 있다.

풍년새우

긴꼬리투구새우

연갑 무리

p.83~88

단단한 껍질과 큰 앞다리가 있다.

연갑강(Malacostraca)은 주변에서 쉽게 접할 수 있는 게, 새우, 가재 등 대부분의 갑각류를 포함하며 담수환경에는 등각목, 단각목, 십각목 등의 분류군이 이에 해당한다. 몸은 크게 머리, 가슴, 배로 나뉘며 배마디 끝은 꼬리마디로 이루어진다. 몸 크기는 종에 따라 다양하며 그 중에서도 다리가 10개인 십각목의 가재, 게 등이 상대적으로 크다.

십각목(Decapoda)은 상대적으로 꼬리가 긴 가재 또는 새우류, 꼬리가 퇴화한 게 등을 포함하며 형태적으로 입 앞쪽에 촉각 기능을 담당하는 부속지 2쌍과 입 주위에 부속지가 1쌍이 있다. 담수에서 비교적 흔히 관찰할 수 있는 새우류는 새뱅이, 징거미새우, 줄새우 등이 있으며, 봄부터 여름에 걸쳐 알을 200~400개 낳는다. 가재는 부화한 새끼를 암컷이 배에 품어 보호하며, 수질이 깨끗한 계류에서 주로 볼 수 있는 지표종이지만 최근에는 환경변화 탓에 개체밀도가 감소하는 것으로 알려진다. 또한 계류는 대체로 기수환경을 선호하며, 노플리우스(nauplius) 유생시기를 지난 후에 조에아(zoea) 등의 부유성 유생시기를 거친다. 십각류는 모두 동·식물성 먹이를 섭식하는 잡식성이다.

등각목(Isopoda)의 물벌레(*Asellus hilgendorfii*)는 비교적 유기물이 풍부한 평지하천과 강에서 개체밀도가 높다. 또한 단각목(Amphipoda)은 옆새우과(Gammaridae)가 대표적인 분류군으로, 발원지와 인접한 계류에 서식하며 계곡으로 유입된 낙엽 잔사물을 갉아 먹는 습성이 있다. 우리나라에서 법적으로 보호하는 주요 연갑류는 멸종위기야생물Ⅱ급인 칼세오리옆새우(*Gammarus zeongogensis*)가 있다.

새뱅이

가재

하루살이 무리

p.89~113

배마디에 깃털 또는 나뭇잎 모양 아가미가 있다.

성충시기가 매우 짧은 하루살이는 원시 분류군으로서 세계적으로 3,000여 종 이상이 있으며 우리나라에는 80여 종이 기록되어 있다. 전체 생활사의 대부분을 물속에서 보내며, 유충은 부착돌말류(benthic diatom) 또는 유기물질을 섭식하는 1차소비자다. 불완전변태를 하는 하루살이 무리는 성숙한 유충이 우화해 생식능력이 있는 성충이 되기 직전에 미성숙한 아성충(subimago) 단계를 거친다. 성충은 겹눈이 크고 앞다리가 나머지 다리에 비해 뚜렷이 길며, 아성충과 성충은 모두 입이 퇴화했기 때문에 먹이활동을 하지 않는다. 하루살이 무리는 일반적으로 1년 1세대 또는 1년 2세대인 것으로 알려진다.

유충은 용존산소를 얻기 위해 양쪽 배마디에 나뭇잎 또는 깃털 모양 등 형태가 다양한 기관아가미가 있으며, 꼬리가 3개(일부 종은 2개) 있다는 것이 특징이다. 또한 유충은 대체로 유선형 또는 납작한 형태로서 물속에서 헤엄치거나 유속이 빠른 곳에서도 기어 다니는 데 유리하며, 일부 종은 굴을 파거나 수변식물에 잘 붙을 수 있다. 연못이나 저수지와 같은 정수역보다는 물이 지속적으로 흐르는 유수 환경을 대표하는 수서곤충이며, 특히 환경상태가 양호한 하천에서는 종과 개체밀도가 매우 높기 때문에 생물학적 평가를 위한 지표생물로서 활용성과 가치가 높다.

두갈래하루살이

갈고리하루살이

잠자리 무리

p.114~137

아랫입술에 먹이 사냥을 위한 가동구가 있으며 배 끝에는 항추 또는 나뭇잎 모양 기관아가미가 있다.

잠자리목은 세계적으로 4,900여 종이 있으며 우리나라에는 120여 종이 기록되어 있다. 고생대 석탄기에 출현한 곤충으로 대부분의 종이 유속의 영향을 받지 않는 정수환경을 선호한다. 잠자리 유충은 흔히 수채(水蠆) 또는 학배기라고도 불린다. 유충의 몸은 대체로 긴 유선형으로 실잠자리아목(Zygoptera)은 가늘고 길며 잠자리아목(Anisoptera)은 다소 두툼한 원통형이다. 유충은 종에 따라서 배마디에 가시나 돌기가 있으며 배 끝에는 날카로운 부속기인 항추(anal pyramid)가 있다. 다만, 실잠자리아목은 배마디 끝에 나뭇잎 모양 기관아가미가 3개 있어 잠자리아목과 형태적으로 차이가 있다. 유충은 더듬이, 아랫입술, 옆가시, 등가시, 항추 등 주요 분류형질의 형태와 개수에 따라 종을 구별한다.

유충은 먹이 탐색을 위해 겹눈이 잘 발달했고 머리 아랫부분에 있는 접힌 아랫입술(labium)이 가장 큰 특징이다. 유충은 작은 무척추동물뿐만 아니라 치어와 올챙이 등을 잡아먹는 포식자로서 아랫입술을 빠르게 내밀어 날카로운 가동구로 찔러 먹이를 포획한다. 이때 먹이 감지는 주로 감각기관인 더듬이와 몸에 난 강모를 이용하는 것으로 알려진다. 다리는 크고 튼튼하며 발톱이 잘 발달해 다른 물체를 붙잡는 데 용이하다.

유충의 서식습성은 모래 또는 유기퇴적물을 파고 들어가 생활하는 종류와 하상이나 수생식물 등에 붙어 생활하는 종으로 구분할 수 있다. 종령 유충은 물 밖으로 기어 나와서 번데기 과정을 거치지 않고 성충으로 우화하는 불완전변태를 한다. 성충은 알을 물속에 떨어뜨리거나 수생식물의 조직 속에 알을 낳는다.

아시아실잠자리

우리나라는 노란잔산잠자리와 꼬마잠자리, 대모잠자리 3종을 멸종위기야생생물Ⅱ급으로 지정해 법으로 보호하고 있다.

어리부채장수잠자리

강도래 무리

p.137~149

꼬리가 2개 있으며 가슴부위에 술 또는 돌기 모양인 기관아가미가 있다.

전 세계적으로 3,500여 종 이상이 있는 것으로 알려지는 강도래는 주로 돌 위를 기어 다니거나 돌 틈에 숨어 있기 때문에 영문명은 'Stoneflies'다. 상류 계곡에 다소 제한적으로 분포하며 일부 종은 서식지 격리에 따른 구별이 비교적 명확하고 생물다양성이 높은 분류군이다. 그러나 현재 우리나라에는 분류에 대한 정보가 미흡해 단지 70여 종만이 기록되어 있을 뿐이다.

유충은 2개의 꼬리 및 가슴이나 항문 주위의 기관아가미가 다른 분류군과 구별할 수 있는 형태 특징이며, 입 구조, 기관아가미 위치와 형태, 날개주머니, 강모 등은 종을 분류하는 주요 형질이다. 불완전변태를 하고, 몇 차례 탈피과정을 거친 후 종령 유충이 되면 물 밖으로 기어 나와 우화하며 대부분이 1년 1세대다. 성충은 막질성 날개가 2쌍 있으나, 비행능력이 낮다. 특히 민날개강도래과(Scopuridae)는 날개가 퇴화되었기 때문에 이동성이 낮아 서식처가 훼손되면 개체군이 쉽게 소멸할 수 있다. 성충의 수명은 며칠에서 몇 주까지 종에 따라 다르며, 봄과 여름에 물속에 알을 100~1,000개 낳는다.

일부 산지습지에서도 출현하지만, 거의 모든 종이 유수생태계를 선호한다. 더욱이 유충은 청정한 하천의 지표생물로서 환경변화에 민감하게 반응하므로 대부분 수온이 낮고 용존산소가 풍부한 계곡의 상류부에 국지적으로 분포한다. 유충은 산소가 부족해지면 호흡을 위해 팔굽혀펴기를 하는 것처럼 몸을 위아래로 움직이는 특성이 있다. 유충은 하상을 기어 다니면서 낙엽잔사물을 갉아 먹거나(메추리강도래과, 민강도래과) 작은 무척추동물을 잡아먹는다(그물강도래과, 강도래과).

그물강도래

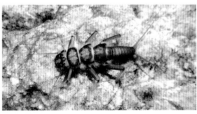

한국강도래

노린재 무리

p.149~158

약충은 성충과 닮았으며 입이 길고 뾰족하다.

우리나라의 담수환경에 서식하는 노린재는 70여 종이며 주변에서 쉽게 관찰할 수 있는 분류군으로는 물벌레과, 송장헤엄치게과, 물장군과, 장구애비과, 소금쟁이과 등이 있다. 수서 노린재는 작은 무척추동물이나 치어, 올챙이 등을 잡아먹는 포식자로서 굵고 튼튼한 앞다리로 먹이를 포획한 후, 침 모양인 뾰족한 입으로 체액을 빨아 먹는다. 또한 뒷다리는 털이 조밀해 헤엄치는 데 유리하다. 불완전변태를 하며 약충은 약 5단계 탈피과정을 거쳐 성충이 되고, 대체로 1년에 한 번 우화한다. 성충은 약충과 외형적으로 닮았지만, 날개가 발달해 날 수 있다. 일반적으로 봄과 초여름 사이에 알을 낳으며 성충으로 월동하는 종이 많다.

수서 노린재는 물 밖의 산소를 얻어 호흡하며, 배 끝에 있는 숨관을 이용하거나(장구애비과, 물장군과) 날개 밑에 공기를 저장하는(송장헤엄치게과, 둥글물벌레과) 종이 있으며 소금쟁이과처럼 수면 위에서 활동하는 종은 기문을 통해 호흡한다. 대부분은 수변식생이 풍부한 연못과 저수지 등의 정수환경을 선호하지만, 물빈대(*Aphelocheirus nawae*)는 돌과 자갈이 많은 하천에 서식한다.

우리나라에서는 물장군을 멸종위기야생생물 II급으로 지정해 법적으로 보호하고 있다.

물장군

각시물자라

뱀잠자리 무리

p.158~159

포식자로서 큰 턱이 발달했으며 배마디 또는 몸 끝에 긴 부속지가 있다.

　뱀잠자리 무리는 우리나라에서 약 6종밖에 기록되지 않은 작은 분류군이며, 좀뱀잠자리과(Sialidae)와 뱀잠자리과(Corydalidae)로 분류한다. 최근에는 대암산 용늪에서 한국좀뱀잠자리(*Sialis koreana*)가 신종으로 등록되었다.

　좀뱀잠자리과는 드물게 저수지에서도 발견되지만 수환경이 양호한 계류와 고산습지에 주로 서식하며, 뱀잠자리과에 비해 크기가 작고 배 끝에 조밀한 강모열이 있는 긴 부속기가 1개 있다. 뱀잠자리과는 긴 실린더 모양으로 배마디에 가늘고 긴 돌기가 있다. 뱀잠자리과 유충은 몸길이가 4~6cm이며 대체로 입자가 큰 돌로 이루어진 하상이나 수질상태가 양호한 계류와 평지하천에 서식한다.

　하루살이류와 깔따구류 등 작은 무척추동물을 잡아먹는 포식자이며 주로 밤에 활동하는 야행성이다. 또한 봄부터 여름 사이에 성충으로 우화하며 성충은 낮에 나뭇잎 뒷면에 숨어 있다가 밤에 불빛에 날아들기도 한다. 완전변태를 하며, 성충은 아주 짧게 사는 것으로 알려진다. 밤에 하천 돌 표면에 산란하며, 2주 안에 부화해 탈피과정을 여러 번 거치면서 성충으로 성장한다.

좀뱀잠자리 KUa

딱정벌레 무리

p.160~178

포식성으로 턱이 발달했고 성충은 딱지날개가 있다.

딱정벌레목의 10% 정도만이 수서 딱정벌레로 분류되며 우리나라에는 약 120종이 기록되어 있다. 여울벌레과(Elmidae)와 물삿갓벌레과(Psephenidae)의 일부 분류군만이 하천의 여울 서식처를 선호하며 대부분은 정수환경에 서식한다. 또한 알꽃벼룩류, 진흙벌레류, 물삿갓벌레류 등은 유충시기에만 물속에서 지내며, 그 외 물진드기류, 물방개류, 자색물방개류, 물맴이류, 물땅땅이류, 여울벌레류 등은 유충과 성충 시기를 모두 물속에서 보낸다. 그러나 많은 종은 물속이 아닌 축축한 흙 속에서 번데기시기를 보낸다.

다양한 환경에 적응했으며 대부분 다른 무척추동물이나 치어 등을 잡아먹는 강력한 포식자로 담수생태계 먹이그물에서 중요한 역할을 한다. 완전변태를 하며, 유충은 3~8회 탈피하고 대체로 1년 1세대다. 물속, 수변식물, 습기가 있는 흙 위 등에서 알을 낳으며 1~2주가 지나면 부화한다. 많은 종이 헤엄치는 무리로서 뒷다리는 헤엄치기에 적합하게끔 노 모양으로 변형되었다. 물방개류는 배마디 끝으로 공기 중 산소를 얻어 가슴 밑의 빈 공간에 저장해 호흡한다. 성충은 타원형이며 딱딱한 딱지날개(elytra)가 있는 것이 특징이다.

아담스물방개

잔물땅땅이

파리 무리

p.178~190

유충은 다리, 가슴, 배가 명확히 구분되지 않는다.

각다귀과, 깔따구과, 등에과, 모기과 등을 포함하는 파리 무리는 생물다양성이 가장 높은 분류군 중 하나다. 유충의 주요 분류형질은 머리 형태, 강모, 돌기, 헛발, 호흡관 등이지만, 종 수준으로 동정하는 것은 매우 어렵다. 완전변태를 하며 유충시기에 여러 차례 탈피과정을 거치고 대부분이 1년 1~2세대이지만 일부는 1년 다세대로 알려진다. 유충은 막질성 체표면이나 기관아가미 등을 이용해 물속에서 호흡하거나 호흡관을 이용하는 공기호흡 방식을 쓰며, 번데기도 기관아가미와 기문을 이용해 호흡한다. 성충은 막질로 이루어진 날개가 1쌍 있다. 뒷날개는 작은 곤봉 모양으로 균형을 담당하는 평형곤 형태인 것이 특징이다.

유충은 유속이 빠른 계류와 수심이 깊은 댐호를 비롯해 염분이 있는 해안가, 수온이 높은 온천수, 극도로 오염된 물 등 거의 모든 수환경에 적응했다. 이러한 이유로 분류학적인 한계에도 불구하고 수환경 상태를 평가하는 지표생물로서 활용성이 높다. 또한 깔따구과와 모기과, 먹파리과, 물가파리과 등 많은 분류군이 질병 매개체이거나 환경변화에 따라 대량 발생하는 등 인간 생활에 직·간접적으로 영향을 미치고 있어 지금도 관련 연구가 많이 진행되고 있다.

명주각다귀 KUa

털모기 KUa

날도래 무리

p.190~213

대부분 나뭇잎, 모래, 나뭇가지 등으로 집을 짓는다.

    날도래류는 우리나라에서 100여 종이 기록되었다. 성충은 나방과 닮았으나 날개가 미세한 털로 덮여 있으며 더듬이가 가늘고 길다는 점에서 쉽게 구별된다. 물여우, 돌누에 등으로도 불리는 날도래의 가장 큰 생태 특징은 대부분 물속에서 독특한 방식으로 집을 짓는다는 것이다. 집을 짓는 재료는 종에 따라 다르며 대체로 모래, 작은 돌, 나뭇잎, 나무줄기 등을 이용한다. 거미류와 달리 날도래 유충은 입에서 끈적거리는 접착성 물질을 분비해 집을 짓는다. 광택날도래과, 줄날도래과, 우묵날도래과, 네모집날도래과, 나비날도래과 등이 집을 지으며, 물날도래과는 집을 짓지 않고 자유생활을 한다. 유충의 집은 천적에게서 몸을 보호하는 역할을 하기도 하며, 유충은 집 안에서 더 많은 산소를 얻기 위해 배를 움직여 물이 잘 이동할 수 있도록 한다.

    유충은 계류, 평지하천, 강, 저수지 등 다양한 서식환경에 적응했다. 바닥을 기어 다니며 부착돌말류나 미세 유기물질을 먹거나 여울에 그물을 치고 수중 유기물을 걸러 먹기도 하며 나뭇잎을 갉아 먹거나 작은 무척추동물을 잡아먹는다. 유충은 가늘고 긴 기관아가미를 이용해 호흡하거나 막질인 부드러운 체표면을 통해 호흡한다.

    날도래 무리는 하천생태계를 대표하는 수서곤충으로서 자연성이 높고 환경상태가 양호한 하천에서 종과 개체밀도가 매우 높으므로 생물학적 평가를 위한 지표생물로 폭넓게 활용되는 분류군이다.

연날개수염치레각날도래

나비날도래류

나비 무리

p.213

습지에 사는 물명나방 유충으로 잘게 자른 연잎 등으로 집을 짓는다.

나비 무리에 속하는 물명나방류는 우리나라에서는 13여 종이 기록되었으며 유충은 연못이나 습지, 강의 수변부처럼 물 흐름의 영향을 받지 않는 수체에 서식한다. 유충의 몸길이는 0.5~1㎝이며 회백색을 띤다. 또한 유충은 연잎 등 수생식물을 잘게 잘라 타원형으로 쪼개 덮개 형태로 집을 짓고 그 안에서 생활하며 식물체나 이끼류 등을 갉아 먹는다. 머리는 단단하지만 다른 부위는 막질로 부드럽다. 가슴에는 2개로 분리된 연한 갈색 경판이 있으며 기관아가미는 종에 따라 있거나 없다. 완전변태를 하며 여러 차례 탈피하고 약 일주일간의 번데기 시기를 지나 늦봄에서부터 가을 사이에 우화한다. 성충은 희고 노란 무늬가 있으며, 날개 무늬는 변이가 큰 편이다. 다른 나방류처럼 밤이 되면 등불에 잘 날아온다.

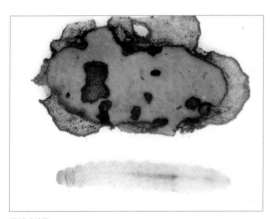

물명나방류

생김새로
알아보기

플라나리아

크기: 10㎜ 내외 / 먹는 방법: 긁어먹는 무리, 주워먹는 무리, 잡아먹는 무리 / 행동: 기는 무리, 붙는 무리 / 환경질점수: 3 / 보이는 곳: 유수역(계류, 평지하천, 강)

머리는 화살촉 모양이다.

산골플라나리아

크기: 10㎜ 내외 / 먹는 방법: 긁어먹는 무리, 주워 먹는 무리, 잡아먹는 무리 / 행동: 기는 무리, 붙는 무리 / 환경질점수: 4 / 보이는 곳: 유수역(계류)

머리 앞쪽은 편평하고,
양 끝이 튀어나온 것처럼 보인다.

연가시

크기: 수십~수백 ㎜ / 먹는 방법: 기생하는 무리 / 행동: 육상 및 수생동물에 기생 / 환경질점수: 3 / 보이는 곳: 유수역(계류, 평지하천)

몸은 가늘고 긴 철사 모양이며, 색깔은 황갈색, 암갈색, 흰색 등 다양하다.

큰빗이끼벌레

크기: 군체를 이루어 측정이 어려움 / 먹는 방법: 바닥으로 떨어지는 유기영양물질 섭식 / 행동: 붙는 무리 / 환경질점수: 없음 / 보이는 곳: 유수역(평지하천, 강), 정수역(연못, 저수지)

다양한 모양(판이나 공 모양 등)으로 군체를 이룬다.

촉수는 70개 내외이며, 입은 붉은색이다.

기수갈고둥

크기: 각경 14㎜, 각고 15㎜ 내외 / 먹는 방법: 긁어먹는 무리, 주워먹는 무리 / 행동: 기는 무리, 붙는 무리 / 환경질점수: 3 / 보이는 곳: 유수역(하구) / 관리현황: 멸종위기야생생물Ⅱ급

밝은 노란색과 검은색인 삼각무늬가 많다.

논우렁이

크기: 각경 30㎜, 각고 60㎜ 내외 / 먹는 방법: 긁어먹는 무리, 주워먹는 무리 / 행동: 기는 무리, 붙는 무리 / 환경질점수: 2 / 보이는 곳: 유수역(평지하천, 강), 정수역(논, 연못, 저수지)

패각은 대형이며, 나층은 5층이고 봉합이 깊어 뚜렷하고 둥글다.

봉합

각경(각폭)

나층

강우렁이

크기: 각경 20㎜, 각고 60㎜ 내외 / 먹는 방법: 긁어먹는 무리, 주워먹는 무리 / 행동: 기는 무리, 붙는 무리 / 환경질점수: 없음 / 보이는 곳: 유수역(평지하천, 강) / 관리현황: 국외반출승인대상생물자원

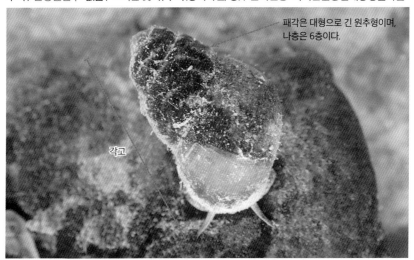

패각은 대형으로 긴 원추형이며, 나층은 6층이다.

각고

왕우렁이

크기: 각경 77㎜, 각고 76㎜ 내외 / 먹는 방법: 긁어먹는 무리, 주워먹는 무리 / 행동: 기는 무리, 붙는 무리 / 환경질점수: 없음 / 보이는 곳: 유수역(평지하천, 강), 정수역(논, 연못, 저수지)

패각은 대형으로 사과 모양이고, 봉합은 깊게 함몰되어 있다.

쇠우렁이

크기: 각경 7㎜, 각고 12㎜ 내외 / 먹는 방법: 긁어먹는 무리, 주워 먹는 무리 / 행동: 기는 무리, 붙는 무리 / 환경질점수: 2 / 보이는 곳: 유수역(평지하천, 강), 정수역(논, 연못, 저수지)

나층은 4~5층이며, 개체에 따라 차층과 차체층에 나륵이 2~3개 있다.

나륵(가로 융기선)

차체층

체층

염주알다슬기

크기: 각경 13㎜, 각고 20㎜ 내외 / 먹는 방법: 긁어먹는 무리, 주워먹는 무리 / 행동: 기는 무리, 붙는 무리 / 환경질점수: 3 / 보이는 곳: 유수역(평지하천, 강) / 관리현황: 멸종위기야생생물Ⅱ급, 한반도 고유종

나층은 4층이고, 굵은 돌기가 발달했다.

띠구슬알다슬기

복족 무리
다슬기과

크기: 각경 13mm, 각고 20mm 내외 / 먹는 방법: 긁어먹는 무리, 주워먹는 무리 / 행동: 기는 무리, 붙는 무리 / 환경질점수: 3 / 보이는 곳: 유수역(평지하천, 강) / 관리현황: 한반도 고유종, 국외반출승인대상생물자원

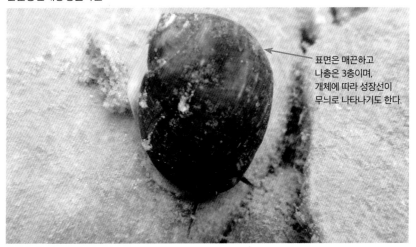

표면은 매끈하고
나층은 3층이며,
개체에 따라 성장선이
무늬로 나타나기도 한다.

주름다슬기

복족 무리
다슬기과

크기: 각경 12mm, 각고 32mm 내외 / 먹는 방법: 긁어먹는 무리, 주워먹는 무리 / 행동: 기는 무리, 붙는 무리 / 환경질점수: 3 / 보이는 곳: 유수역(계류, 평지하천) / 관리현황: 한반도 고유종, 국외반출승인대상생물자원

나층은 5~6층이고,
뚜렷한 세로 주름이 있다.

곳체다슬기

복족 무리
다슬기과

크기: 각경 13㎜, 각고 35㎜ 내외 / 먹는 방법: 긁어먹는 무리, 주워먹는 무리 / 행동: 기는 무리, 붙는 무리 / 환경질점수: 2 / 보이는 곳: 유수역(평지하천, 강) / 관리현황: 국외반출승인대상생물자원

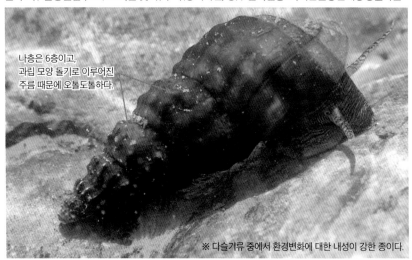

나층은 6층이고,
과립 모양 돌기로 이루어진
주름 때문에 오톨도톨하다.

※ 다슬기류 중에서 환경변화에 대한 내성이 강한 종이다.

다슬기

복족 무리
다슬기과

크기: 각경 8㎜, 각고 25㎜ 내외 / 먹는 방법: 긁어먹는 무리, 주워먹는 무리 / 행동: 기는 무리, 붙는 무리 / 환경질점수: 4 / 보이는 곳: 유수역(계류, 평지하천)

나층은 5~6층이고, 표면은 매끄럽다.

좀주름다슬기

크기: 각경 8㎜, 각고 25㎜ 내외 / 먹는 방법: 긁어먹는 무리, 주워먹는 무리 / 행동: 기는 무리, 붙는 무리 / 환경질점수: 3 / 보이는 곳: 유수역(계류, 평지하천) / 관리현황: 한반도 고유종, 국외반출승인대상생물자원

나층은 5~6층이고, 각폭이 좁아 몸은 가늘고 길다.

물달팽이

크기: 각경 14㎜, 각고 23㎜ 내외 / 먹는 방법: 긁어먹는 무리, 주워먹는 무리 / 행동: 기는 무리, 붙는 무리 / 환경질점수: 1 / 보이는 곳: 유수역(계류, 평지하천), 정수역(논, 연못, 저수지)

나층은 3~4층이며, 체층이 둥글고 커서 각고 대부분을 차지한다.

우선형으로 각구는 오른쪽에 있다.

왼돌이물달팽이

크기: 각경 7㎜, 각고 12㎜ 내외 / 먹는 방법: 긁어먹는 무리, 주워먹는 무리 / 행동: 기는 무리, 붙는 무리 / 환경질점수: 1 / 보이는 곳: 유수역(계류, 평지하천), 정수역(논, 연못, 저수지)

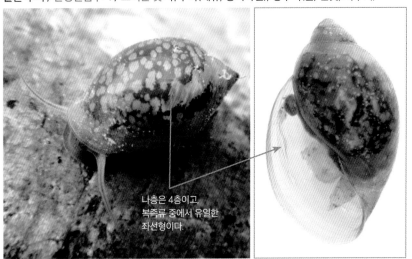

나층은 4층이고, 복족류 중에서 유일한 좌선형이다.

또아리물달팽이

크기: 각경 3㎜, 각고 1㎜ 내외 / 먹는 방법: 긁어먹는 무리, 주워먹는 무리 / 행동: 기는 무리, 붙는 무리 / 환경질점수: 2 / 보이는 곳: 유수역(계류, 평지하천), 정수역(논, 연못, 저수지)

체층 가장자리가 둥글다.

각경

각고

수정또아리물달팽이

크기: 각경 10mm, 각고 2mm 내외 / 먹는 방법: 긁어먹는 무리, 주워먹는 무리 / 행동: 기는 무리, 붙는 무리 / 환경질점수: 2 / 보이는 곳: 유수역(계류, 평지하천), 정수역(논, 연못, 저수지)

체층 가장자리가 뾰족하다.

민물삿갓조개

크기: 각경 1.5mm, 각고 1.5mm, 각장 2.5mm 내외 / 먹는 방법: 주워먹는 무리 / 행동: 기는 무리, 붙는 무리 / 환경질점수: 3 / 보이는 곳: 유수역(평지하천, 강), 정수역(논, 연못, 저수지)

패각은 삿갓 모양이다.

※ 담수산 복족류 중에서 유일한 삿갓형 패류로서 수초 등에 붙어산다.

뾰족쨈물우렁이

크기: 각경 7㎜, 각고 13㎜ 내외 / 먹는 방법: 긁어먹는 무리, 주워먹는 무리 / 행동: 기는 무리, 붙는 무리 / 환경질점수: 없음 / 보이는 곳: 유수역(평지하천, 강), 정수역(논, 연못, 저수지)

촉각 끝에 눈이 있다.

체층이 커서 각고 대부분을 차지한다.

물달팽이와 닮았으나, 패각이 가늘고 타원형이라는 점에서 구별된다.

※ 수변식물이 풍부한 물가 또는 물속에 산다.

민물담치

크기: 각장 39㎜, 각고 17㎜ 내외 / 먹는 방법: 걸러먹는 무리 / 행동: 붙는 무리 / 환경질점수: 3 / 보이는 곳: 유수역(평지하천, 강), 정수역(저수지)

각정은 왼쪽으로 치우쳤다.

패각은 뒤로 갈수록 넓어져 아래로 굽은 도끼 모양이다.

※ 족사를 내어 큰 돌 등에 붙어살며 집단으로 밀생하는 경우가 많다.

대칭이

크기: 각장 128㎜, 각고 68㎜ 내외 / 먹는 방법: 걸러먹는 무리 / 행동: 붙는 무리 / 환경질점수: 2 /
보이는 곳: 유수역(평지하천, 강), 정수역(연못, 저수지) / 관리현황: 국외반출승인대상생물자원

각정은 앞으로 약간
치우쳤다.

패각은 직사각형에
가까운 타원형이다

성장맥이 뚜렷하다.

※ 모래가 섞인 펄로 이루어진 하상에 산다.

펄조개

크기: 각장 135㎜, 각고 98㎜ 내외 / 먹는 방법: 걸러먹는 무리 / 행동: 붙는 무리 / 환경질점수:
2 / 보이는 곳: 유수역(평지하천, 강), 정수역(연못, 저수지)

패각은 둥그스름한 삼각형이다.

뒤쪽에 귀 모양
돌기가 발달했으나
점차 마모된다.

※ 펄이 많은 하상에 산다.

귀이빨대칭이

크기: 각장 180㎜, 각고 130㎜ 내외 / 먹는 방법: 걸러먹는 무리 / 행동: 붙는 무리 / 환경질점수: 3 / 보이는 곳: 유수역(평지하천, 강), 정수역(저수지) / 관리현황: 멸종위기야생생물 I 급

귀 모양 돌기와 측치가 발달했다.

부채두드럭조개

크기: 각장 50㎜, 각고 32㎜ 내외 / 먹는 방법: 걸러먹는 무리 / 행동: 붙는 무리 / 환경질점수: 없음 / 보이는 곳: 유수역(평지하천, 강) / 관리현황: 국외반출승인대상생물자원

곳체두드럭조개와 닮았으나, 과립 모양 돌기가 패각 전체에 분포한다는 점에서 구별된다.

※ 최근 학계에 보고된 종으로 섬진강 유역에만 사는 것으로 알려진다.

두드럭조개

크기: 각장 45㎜, 각고 40㎜ 내외 / 먹는 방법: 걸러먹는 무리 / 행동: 붙는 무리 / 환경질점수: 3 / 보이는 곳: 유수역(평지하천, 강) / 관리현황: 멸종위기야생생물 I 급, 한반도 고유종

패각은 둥근 편이며 두껍고 단단하다.

각정 주위에 과립 모양 돌기가 많다.

※ 유속이 빠르고 모래와 자갈이 섞인 하상을 선호한다.

곳체두드럭조개

크기: 각장 69㎜, 각고 44㎜ 내외 / 먹는 방법: 걸러먹는 무리 / 행동: 붙는 무리 / 환경질점수: 3 / 보이는 곳: 유수역(평지하천, 강) / 관리현황: 국외반출승인대상생물자원

두드럭조개와 닮았으나, 패각이 타원형이고 표면에 길쭉한 과립 모양 돌기가 있다는 점에서 구별된다.

칼조개

크기: 각장 88㎜, 각고 23㎜ 내외 / 먹는 방법: 걸러먹는 무리 / 행동: 붙는 무리 / 환경질점수: 3 / 보이는 곳: 유수역(평지하천, 강) / 관리현황: 국외반출승인대상생물자원

패각은 칼 모양이다.

민납작조개

크기: 각장 75㎜, 각고 44㎜ 내외 / 먹는 방법: 걸러먹는 무리 / 행동: 붙는 무리 / 환경질점수: 없음 / 보이는 곳: 유수역(평지하천, 강) / 관리현황: 국외반출승인대상생물자원

곳체두드럭조개와 닮았으나, 표면에 과립 모양 돌기가 없다는 점에서 구별된다.

도끼조개

크기: 각장 60㎜, 각고 30㎜ 내외 / 먹는 방법: 걸러먹는 무리 / 행동: 붙는 무리 / 환경질점수: 3 / 보이는 곳: 유수역(평지하천, 강) / 관리현황: 국외반출승인대상생물자원

패각은 도끼 모양이다.

말조개

크기: 각장 76㎜, 각고 34㎜ 내외 / 먹는 방법: 걸러먹는 무리 / 행동: 붙는 무리 / 환경질점수: 2 / 보이는 곳: 유수역(평지하천, 강), 정수역(연못, 저수지)

각정 부위에 작은 돌기가 많다.

패각은 검은색을 띠며, 크기에 비해 각폭이 좁다.

※ 모래와 펄이 섞인 하상에 산다.

작은말조개

크기: 각장 35㎜, 각고 20㎜ 내외 / 먹는 방법: 걸러먹는 무리 / 행동: 붙는 무리 / 환경질점수: 3 / 보이는 곳: 유수역(평지하천, 강), 정수역(연못, 저수지) / 관리현황: 국외반출승인대상생물자원

패각은 각정에서 뒤로 가면서 솟아 각고가 높고 얇은 삼각형이며, 크기에 비해 각폭이 넓다.

참재첩

크기: 각장 34㎜, 각고 30㎜ 내외 / 먹는 방법: 걸러먹는 무리 / 행동: 붙는 무리 / 환경질점수: 3 / 보이는 곳: 유수역(평지하천, 강), 정수역(연못, 저수지)

각정에서 등 아래에 능각이 있다.

성장맥이 뚜렷하다.

삼각산골조개

크기: 각장 11㎜, 각고 9㎜ 내외 / 먹는 방법: 걸러먹는 무리 / 행동: 붙는 무리 / 환경질점수: 4 /
보이는 곳: 유수역(평지하천, 강), 정수역(논, 연못, 저수지)

패각은 사각형이며, 각정이 앞쪽에 있다.

구획이 뚜렷하다.

※ 펄로 이루어진 하상을 선호하며,
주로 농수로에 산다.

산골조개

크기: 각장 5.5㎜, 각고 4.7㎜ 내외 / 먹는 방법: 걸러먹는 무리 / 행동: 붙는 무리 / 환경질점수: 4 /
보이는 곳: 유수역(계류), 정수역(산지습지) / 관리현황: 한반도 고유종, 국외반출승인대상생물자원

패각은 삼각형이며,
각정이 뒤쪽에 있다.

구획이 뚜렷하지 않다.

※ 발원지 또는 산지습지 주변에 주로 서식한다.

아가미지렁이

지렁이 무리
실지렁이과

크기: 180mm 내외 / 먹는 방법: 주워먹는 무리 / 행동: 굴파는 무리 / 환경질점수: 없음 / 보이는 곳: 유수역(평지하천, 강, 하구), 정수역(논, 연못, 석호, 저수지)

몸 뒤쪽 옆에 아가미가 여러 개 있다.

실지렁이

지렁이 무리
실지렁이과

크기: 80mm 내외 / 먹는 방법: 주워먹는 무리 / 행동: 굴파는 무리 / 환경질점수: 1 / 보이는 곳: 유수역(계류, 평지하천, 강, 하구), 정수역(논, 연못, 석호, 저수지)

실 모양이고 육안으로 구별할 수 있는 특징이 거의 없다.

※ 실지렁이류를 종 수준으로 동정하기란 매우 어렵다.

조개넙적거머리

크기: 길이 12㎜, 폭 5㎜ 내외 / 먹는 방법: 잡아먹는 무리 / 행동: 붙는 무리 / 환경질점수: 2 / 보이는 곳: 유수역(평지하천, 강), 정수역(저수지)

몸 윗면에 세로 줄무늬가 20여개 있으며, 정중선을 따라 세로 줄무늬와 돌기가 있다.

몸은 투명한 편으로 내장기관이 보인다.

갈색넙적거머리

크기: 길이 25㎜, 폭 8㎜ 내외 / 먹는 방법: 잡아먹는 무리 / 행동: 붙는 무리 / 환경질점수: 2 / 보이는 곳: 유수역(평지하천, 강), 정수역(저수지)

몸 윗면에 난 갈색줄은 연한 황색 무늬 때문에 끊겨 보인다.

곤봉넙적거머리

크기: 길이 30mm, 폭 5mm 내외 / 먹는 방법: 잡아먹는 무리 / 행동: 붙는 무리 / 환경질점수: 2 / 보이는 곳: 유수역(평지하천, 강), 정수역(저수지)

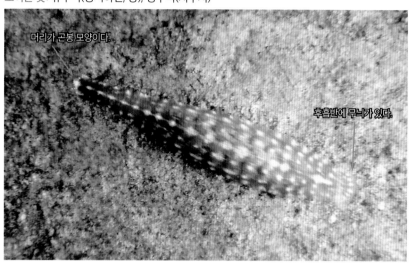

머리가 곤봉 모양이다.

후흡반에 무늬가 있다.

개구리넙적거머리

크기: 길이 20mm, 폭 10mm 내외 / 먹는 방법: 잡아먹는 무리 / 행동: 붙는 무리 / 환경질점수: 2 / 보이는 곳: 유수역(계류, 평지하천)

같은 체환에 눈 2쌍이 있다.

참거머리

크기: 길이 100mm, 폭 8mm 내외 / 먹는 방법: 잡아먹는 무리 / 행동: 붙는 무리 / 환경질점수: 2 /
보이는 곳: 유수역(평지하천, 강), 정수역(논, 연못, 저수지)

몸 윗면에는 흰색 세로 줄무늬가 5개
있으나, 아랫면에는 무늬가 없다.

갈색말거머리

크기: 길이 55mm, 폭 8mm 내외 / 먹는 방법: 잡아먹는 무리 / 행동: 붙는 무리 / 환경질점수: 2 /
보이는 곳: 유수역(평지하천, 강), 정수역(논, 연못, 저수지)

몸 윗면에 세로 줄무늬가 5개 있고
가운데 줄무늬가 가장 넓다.

아랫면에는 검은색 반점이 여러 개 있다.

녹색말거머리

크기: 길이 55mm, 폭 5mm 내외 / 먹는 방법: 잡아먹는 무리 / 행동: 붙는 무리 / 환경질점수: 2 / 보이는 곳: 유수역(평지하천, 강), 정수역(논, 연못, 저수지)

몸은 녹색이며, 윗면에 세로 줄무늬가 5개 있고 가운데 줄무늬가 가장 넓다.

아랫면에는 검은색 반점이 여러 개 있다.

말거머리

크기: 길이 140mm, 폭 18mm 내외 / 먹는 방법: 잡아먹는 무리 / 행동: 붙는 무리 / 환경질점수: 2 / 보이는 곳: 유수역(평지하천, 강), 정수역(논, 연못, 저수지)

아랫면에는 검은색 반점이 여러 개 있다.

몸 윗면에 세로 줄무늬가 5개 있는데, 군데군데 ▒▒▒▒ ▒▒▒▒▒ ▒▒▒.

돌거머리

크기: 길이 70㎜ 내외 / 먹는 방법: 잡아먹는 무리 / 행동: 붙는 무리 / 환경질점수: 1 / 보이는 곳: 유수역(평지하천, 강), 정수역(저수지)

몸 윗면에 옅은 갈색 띠가 2줄 있는 것처럼 보인다.

풍년새우

크기: 30㎜ 내외 / 먹는 방법: 걸러먹는 무리 / 행동: 헤엄치는 무리 / 환경질점수: 2 / 보이는 곳: 정수역(논)

수컷

주황색 부속지가 있다.

암컷

가슴다리는 11쌍이며, 기관아가미가 있다.

알주머니가 있다.

긴꼬리투구새우

크기: 50㎜ 내외(꼬리 제외) / 먹는 방법: 주워먹는 무리, 잡아먹는 무리 / 행동: 헤엄치는 무리 / 환경질점수: 2 / 보이는 곳: 정수역(논)

갑각으로 덮여 있다.

꼬리가 길다.

털줄뾰족코조개벌레

크기: 10㎜ 내외 / 먹는 방법: 주워먹는 무리 / 행동: 기는 무리, 헤엄치는 무리 / 환경질점수: 없음 / 보이는 곳: 정수역(논)

납작한 쪽매 모양으로 된 전체를 감싸며 생장선이 있다.

잔벌레류

크기: 6㎜ 내외 / 먹는 방법: 주워먹는 무리 / 행동: 기는 무리 / 환경질점수: 없음 / 보이는 곳: 유수역(하구), 정수역(석호)

몸은 납작하고 타원형으로 물벌레와 비슷하지만, 더듬이와 다리가 짧다.

물벌레

크기: 10㎜ 내외 / 먹는 방법: 주워먹는 무리 / 행동: 기는 무리 / 환경질점수: 2 / 보이는 곳: 유수역(평지하천, 강), 정수역(연못, 저수지)

몸은 납작하고 타원형으로 잔벌레류와 비슷하지만, 더듬이와 다리가 길다.

보통옆새우

크기: 15㎜ 내외 / 먹는 방법: 썰어먹는 무리, 주워먹는 무리 / 행동: 기는 무리 / 환경질점수: 4 /
보이는 곳: 유수역(계류), 정수역(연못, 저수지)

옆에서 보면 납작한
아치형이다.

새뱅이

크기: 23㎜ 내외 / 먹는 방법: 주워먹는 무리 / 행동: 기는 무리 / 환경질점수: 2 / 보이는 곳: 유
수역(계류, 평지하천, 강), 정수역(저수지)

몸 윗면에 정중선을 따라
밝은 띠무늬가 있다.

두드럭징거미새우

크기: 60mm 이상 / 먹는 방법: 주워먹는 무리 / 행동: 기는 무리 / 환경질점수: 2 / 보이는 곳: 유수역(평지하천, 강), 정수역(연못, 저수지) / 관리현황: 한반도 고유종, 국외반출승인대상생물자원

제2가슴다리는 매우 길고, 표면에 작고 둔한 돌기가 있다.

징거미새우

크기: 90mm 이상 / 먹는 방법: 주워먹는 무리 / 행동: 기는 무리 / 환경질점수: 3 / 보이는 곳: 유수역(평지하천, 강), 정수역(연못, 저수지)

제2가슴다리는 매우 길고, 집게다리 안쪽 끝에 털이 촘촘하게 나 있다.

줄새우

크기: 40㎜ 내외 / 먹는 방법: 주워먹는 무리 / 행동: 기는 무리 / 환경질점수: 2 / 보이는 곳: 유수역(평지하천, 강), 정수역(연못, 저수지) / 관리현황: 국외반출승인대상생물자원

이마뿔 윗가장자리에
이빨이 4~8개 있다.

복잡한 줄무늬가 있다.

가재

크기: 50㎜ 내외 / 먹는 방법: 주워먹는 무리, 잡아먹는 무리 / 행동: 기는 무리 / 환경질점수: 4 / 보이는 곳: 유수역(계류), 정수역(산지습지) / 관리현황: 국외반출승인대상생물자원

제1가슴다리는 집게 모양으로
크고 억세다.

말뚱게

크기: 갑각 길이 35㎜, 폭 41㎜ 내외 / 먹는 방법: 주워먹는 무리 / 행동: 기는 무리 / 환경질점수: 2 / 보이는 곳: 유수역(하구) / 관리현황: 국외반출승인대상생물자원

다리에는 길고 뻣뻣한 흑갈색 털이 많다.

집게발은 크고 작은 돌기가 많다.

도둑게

크기: 갑각 길이 30㎜, 폭 36㎜ 내외 / 먹는 방법: 주워먹는 무리 / 행동: 기는 무리 / 환경질점수: 없음 / 보이는 곳: 유수역(하구) / 관리현황: 국외반출승인대상생물자원

집게발은 붉은색이다.

붉은발말똥게

크기: 갑각 길이 28㎜, 폭 33㎜ 내외 / 먹는 방법: 주워먹는 무리 / 행동: 기는 무리 / 환경질점
수: 없음 / 보이는 곳: 유수역(하구) / 관리현황: 멸종위기야생생물Ⅱ급

눈뒷가시 1개가
뚜렷하다.

갑각 가운데에 H자
홈이 뚜렷하다.

참게

크기: 갑각 길이 63㎜, 폭 70㎜ 내외 / 먹는 방법: 주워먹는 무리 / 행동: 기는 무리 / 환경질점
수: 2 / 보이는 곳: 유수역(강, 하구) / 관리현황: 국외반출승인대상생물자원

집게의 발끝 밑 가장자리에
뾰족한 돌기가 4개씩 있다.

세갈래하루살이

크기: 10mm 내외 / 먹는 방법: 주워먹는 무리 / 행동: 기는 무리, 붙는 무리 / 환경질점수: 3 / 보이는 곳: 유수역(계류, 평지하천, 강)

제2~7배마디에 세 갈래로 분지된
기관아가미가 2쌍씩 있다.

두갈래하루살이

크기: 10mm 내외 / 먹는 방법: 주워먹는 무리 / 행동: 기는 무리, 붙는 무리 / 환경질점수: 4 / 보이는 곳: 유수역(계류)

제1~7배마디에 두 갈래로
분지된 기관아가미가 1쌍씩 있다.

여러갈래하루살이

크기: 8mm 내외 / 먹는 방법: 주워먹는 무리 / 행동: 기는 무리, 붙는 무리 / 환경질점수: 없음 / 보이는 곳: 유수역(계류, 평지하천)

제2~7배마디에는 여러 갈래로 분지된 기관아가미가 있다.

흰하루살이

크기: 20mm 내외 / 먹는 방법: 주워먹는 무리 / 행동: 굴파는 무리 / 환경질점수: 4 / 보이는 곳: 유수역(평지하천, 강)

배 윗면에는 뚜렷한 무늬가 없다.

큰턱돌출기는 앞쪽으로 뻗었지만 그 끝은 아래로 굽었다.

작은강하루살이

크기: 10㎜ 내외 / 먹는 방법: 주워먹는 무리 / 행동: 붙는 무리, 굴파는 무리 / 환경질점수: 3 / 보이는 곳: 유수역(평지하천, 강)

앞다리의 넓적다리마디에
세로로 난 강모열이 있다.

머리 크기에 비해
겹눈이 작다.

가람하루살이

크기: 15㎜ 내외 / 먹는 방법: 주워먹는 무리 / 행동: 붙는 무리, 굴파는 무리 / 환경질점수: 3 / 보이는 곳: 유수역(평지하천, 강) / 관리현황: 국외반출승인대상생물자원

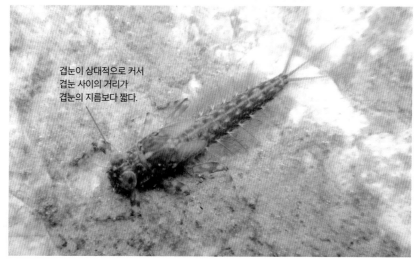

겹눈이 상대적으로 커서
겹눈 사이의 거리가
겹눈의 지름보다 짧다.

강하루살이

크기: 30㎜ 내외 / 먹는 방법: 주워먹는 무리 / 행동: 붙는 무리 / 환경질점수: 3 / 보이는 곳: 유수역(평지하천, 강) / 관리현황: 한반도 고유종, 국외반출승인대상생물자원

큰턱돌출기는 머리 앞쪽으로
길게 튀어나왔다.

동양하루살이

크기: 20㎜ 내외 / 먹는 방법: 주워먹는 무리 / 행동: 굴파는 무리 / 환경질점수: 3 / 보이는 곳: 유수역(평지하천, 강), 정수역(저수지)

제7~9배마디 윗면에 가는
세로 줄무늬가 3쌍씩 있다.

가는무늬하루살이

크기: 20㎜ 내외 / 먹는 방법: 주워먹는 무리 / 행동: 굴파는 무리 / 환경질점수: 4 / 보이는 곳:
유수역(계류), 정수역(산지습지) / 관리현황: 한반도 고유종, 국외반출승인대상생물자원

제7~9배마디 윗면 가장자리에
가는 세로 줄무늬가 1쌍씩 있다.

무늬하루살이

크기: 20㎜ 내외 / 먹는 방법: 주워먹는 무리 / 행동: 굴파는 무리 / 환경질점수: 4 / 보이는 곳:
유수역(계류, 평지하천), 정수역(산지습지)

제7~9배마디 윗면에
굵은 세로 줄무늬가 1쌍씩 있다.

민하루살이

크기: 10㎜ 내외 / 먹는 방법: 긁어먹는 무리, 주워먹는 무리 / 행동: 기는 무리, 붙는 무리 / 환경
질점수: 4 / 보이는 곳: 유수역(계류, 평지하천)

제2~9배마디 윗면에 쌍을 이룬 돌기가
있고, 돌기를 따라 짙은 줄무늬가 있다.

앞가슴 앞가장자리는
앞쪽으로 튀어나왔다.

먹하루살이

크기: 10㎜ 내외 / 먹는 방법: 긁어먹는 무리, 주워먹는 무리 / 행동: 기는 무리, 붙는 무리 / 환경
질점수: 4 / 보이는 곳: 유수역(계류, 평지하천)

제5~9배마디에 날카로운 등가시가 1쌍씩 있다.

꼬리는 몸길이의
1/2 정도로 짧다.

뿔하루살이

크기: 20mm 내외 / 먹는 방법: 긁어먹는 무리, 주워먹는 무리 / 행동: 기는 무리, 붙는 무리 / 환경질점수: 4 / 보이는 곳: 유수역(계류, 평지하천) / 관리현황: 한반도 고유종, 국외반출승인대상생물자원

머리에 뿔 모양 돌기가
5개 있고, 양 옆에 있는
2개는 길다

알통하루살이

크기: 10mm 내외 / 먹는 방법: 긁어먹는 무리 / 행동: 기는 무리, 붙는 무리 / 환경질점수: 4 / 보이는 곳: 유수역(계류, 평지하천)

앞다리 넓적다리마디에
융기선이 있다.

쌍혹하루살이

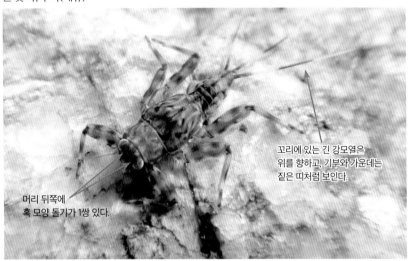

크기: 10~15㎜ / 먹는 방법: 긁어먹는 무리 / 행동: 기는 무리, 붙는 무리 / 환경질점수: 4 / 보이는 곳: 유수역(계류)

꼬리에 있는 긴 강모열은 위를 향하고, 기부와 가운데는 짙은 띠처럼 보인다.

머리 뒤쪽에 혹 모양 돌기가 1쌍 있다.

삼지창하루살이

크기: 15㎜ 내외 / 먹는 방법: 긁어먹는 무리 / 행동: 기는 무리, 붙는 무리 / 환경질점수: 없음 / 보이는 곳: 유수역(계류)

머리에 크기가 비슷한 뿔 모양 돌기가 3개 있다.

긴꼬리하루살이

크기: 15㎜ 내외 / 먹는 방법: 긁어먹는 무리, 주워먹는 무리 / 행동: 기는 무리, 붙는 무리 / 환경
질점수: 4 / 보이는 곳: 유수역(평지하천, 강)

꼬리는 몸길이에 비해
매우 길다.

가운데가슴 양 옆에
삼각뿔 같은 돌기가 있다.

알락하루살이

크기: 8㎜ 내외 / 먹는 방법: 긁어먹는 무리, 주워먹는 무리 / 행동: 기는 무리, 붙는 무리 / 환경
질점수: 4 / 보이는 곳: 유수역(계류, 평지하천)

제2~8배마디에
뾰족한 돌기가 있다.

꼬리에는 가장자리를 따라
강모열이 있다.

범꼬리하루살이

크기: 8mm 내외 / 먹는 방법: 긁어먹는 무리, 주워먹는 무리 / 행동: 기는 무리, 붙는 무리 / 환경
질점수: 4 / 보이는 곳: 유수역(계류, 평지하천, 강)

꼬리에는 2마디마다
짙은 띠무늬가 있다.

제3~9배마디에 약한 돌기가 1쌍씩 있으며,
그 끝에 짧은강모가 있다.

등줄하루살이

크기: 5mm 내외 / 먹는 방법: 주워먹는 무리 / 행동: 기는 무리, 붙는 무리 / 환경질점수: 3 / 보이
는 곳: 유수역(계류, 평지하천, 강)

머리에서 제5배마디까지
세로 줄무늬가 2개 있다.

두 겹눈을 잇는
밝은 가로줄무늬가 있다.

등딱지하루살이

크기: 5mm 내외 / 먹는 방법: 주워먹는 무리 / 행동: 기는 무리, 붙는 무리 / 환경질점수: 2 / 보이는 곳: 유수역(계류, 평지하천, 강)

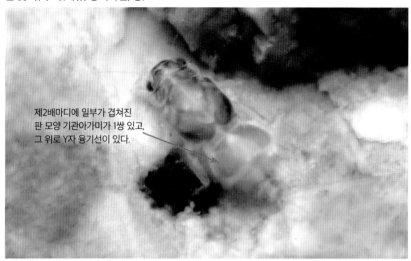

제2배마디에 일부가 겹쳐진 판 모양 기관아가미가 1쌍 있고, 그 위로 Y자 융기선이 있다.

방패하루살이

크기: 15mm 내외 / 먹는 방법: 주워먹는 무리 / 행동: 기는 무리, 붙는 무리 / 환경질점수: 3 / 보이는 곳: 유수역(평지하천, 강)

각 다리마디 끝에 세로 줄무늬가 있다.

기관아가미는 끝이 둥근 사각형이며 서로 겹치지 않는다.

빗자루하루살이

크기: 20 내외㎜ / 먹는 방법: 걸러먹는 무리 / 행동: 붙는 무리, 헤엄치는 무리 / 환경질점수: 4 / 보이는 곳: 유수역(계류, 평지하천)

머리부터 배 끝까지 중앙선을 따라 밝은 줄무늬가 있다.

앞다리 안쪽에 조밀하고 긴 강모열이 있다.

맵시하루살이

크기: 15㎜ 내외 / 먹는 방법: 긁어먹는 무리 / 행동: 기는 무리, 붙는 무리 / 환경질점수: 4 / 보이는 곳: 유수역(계류)

각 배마디 윗면 가운데에 등가시가 있다.

제1~7배마디에 판과 술 모양인 기관아가미가 있고, 제1배마디에는 술 모양 기관아가미가 발달했다.

※ 발원지와 인접한 계류의 최상부에 국지적으로 분포한다.

봄처녀하루살이

크기: 10mm 내외 / 먹는 방법: 긁어먹는 무리 / 행동: 기는 무리, 붙는 무리 / 환경질점수: 4 / 보이는 곳: 유수역(계류, 평지하천)

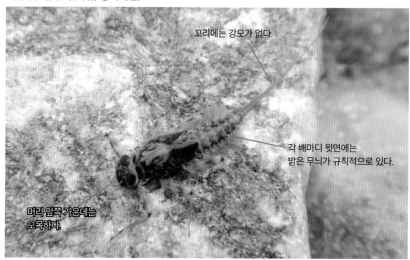

꼬리에는 강모가 없다.

각 배마디 윗면에는 밝은 무늬가 규칙적으로 있다.

머리 앞쪽 가운데는 오목하다.

몽땅하루살이

크기: 5mm 내외 / 먹는 방법: 긁어먹는 무리 / 행동: 기는 무리, 붙는 무리 / 환경질점수: 4 / 보이는 곳: 유수역(계류, 평지하천, 강)

머리 앞쪽 가장자리에 밝은 무늬가 4개 있다.

머리와 가슴, 배 윗면은 부분적으로 밝다.

※ 서식환경에 따라 몸 색깔과 무늬가 다양하다.

참납작하루살이

크기: 15㎜ 내외 / 먹는 방법: 긁어먹는 무리 / 행동: 기는 무리, 붙는 무리 / 환경질점수: 4 / 보이는 곳: 유수역(계류)

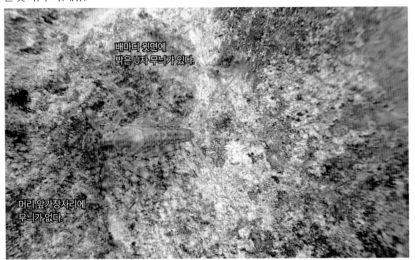

배마디 윗면에
밝은 U자 무늬가 있다.

머리 앞가장자리에
무늬가 없다.

꼬리치레하루살이

크기: 5㎜ 내외 / 먹는 방법: 긁어먹는 무리, 주워먹는 무리 / 행동: 기는 무리, 붙는 무리 / 환경질점수: 4 / 보이는 곳: 유수역(평지하천, 강)

머리 앞가장자리에 점무늬가
2쌍 있고, 안쪽 무늬가 바깥쪽
무늬보다 작다.

꼬리에는
긴 강모열이 있다.

배마디 윗면에
규칙적인 무늬가 있다.

두점하루살이

크기: 5mm 내외 / 먹는 방법: 긁어먹는 무리, 주워먹는 무리 / 행동: 기는 무리, 붙는 무리 / 환경
질점수: 4 / 보이는 곳: 유수역(계류, 평지하천, 강)

머리 앞가장자리에
점무늬가 2개 있다.

※ 계류생태계에서 밀도 높게 서식하는 주요 우점종이다.

네점하루살이

크기: 10mm 내외 / 먹는 방법: 긁어먹는 무리, 주워먹는 무리 / 행동: 기는 무리, 붙는 무리 / 환경
질점수: 3 / 보이는 곳: 유수역(계류, 평지하천, 강)

제5, 8~9배마디에
밝은 무늬가 있다.

머리 앞가장자리에
점무늬가 4개 있다.

흰부채하루살이

크기: 15㎜ 내외 / 먹는 방법: 긁어먹는 무리, 주워먹는 무리 / 행동: 기는 무리, 붙는 무리 / 환경
질점수: 4 / 보이는 곳: 유수역(계류, 평지하천)

꼬리가 2개다.

제1~9배마디에 반투명한 판과
술 모양인 기관아가미가 있다.

부채하루살이

크기: 15㎜ 내외 / 먹는 방법: 긁어먹는 무리, 주워먹는 무리 / 행동: 기는 무리, 붙는 무리 / 환경
질점수: 4 / 보이는 곳: 유수역(계류, 평지하천, 강)

흰부채하루살이와 닮았으나, 판 모양
기관아가미가 더 크고 넓으며 짙은
점무늬가 산재한다는 점에서 구별된다.

※ 유기물이 풍부하고 여울이 발달한 하천에서 개체 밀도가 높다.

햇님하루살이

크기: 15mm 내외 / 먹는 방법: 긁어먹는 무리, 주워먹는 무리 / 행동: 기는 무리, 붙는 무리 / 환경
질점수: 4 / 보이는 곳: 유수역(계류), 정수역(산지습지)

제1~7배마디에 끝이 뾰족한 나뭇잎 모양과
술 모양인 기관아가미가 있다.

배마디 윗면 가운데에
밝은 무늬가 있다.

※ 발원지와 인접한 계류와 고도가 높은 산지습지에 국지적으로 분포한다.

총채하루살이

크기: 12mm 내외 / 먹는 방법: 긁어먹는 무리, 주워먹는 무리 / 행동: 기는 무리, 붙는 무리 / 환경
질점수: 4 / 보이는 곳: 유수역(계류, 평지하천)

꼬리는 몸길이의
2배 이상으로 매우 길다.

제1~7배마디에 술 모양
기관아가미가 있다.

깊은골하루살이

크기: 10㎜ 내외 / 먹는 방법: 긁어먹는 무리, 주워먹는 무리 / 행동: 기는 무리, 붙는 무리 / 환경
질점수: 4 / 보이는 곳: 유수역(계류, 평지하천)

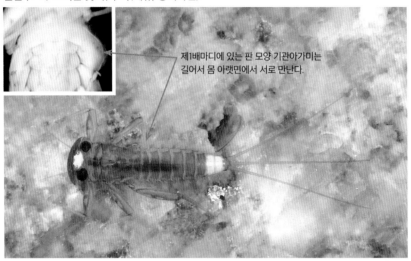

제1배마디에 있는 판 모양 기관아가미는
길어서 몸 아랫면에서 서로 만난다.

피라미하루살이

크기: 15㎜ 내외 / 먹는 방법: 긁어먹는 무리, 주워먹는 무리 / 행동: 헤엄치는 무리, 기어오르는
무리 / 환경질점수: 4 / 보이는 곳: 유수역(계류, 평지하천)

각 배마디 윗면에
밝은 삼각무늬가 있다.

제1~7배마디에 계란 모양 기관아가미가
있으며, 그 가장자리에 줄무늬가 있다.

후측돌기는 뾰족하다.

멧피라미하루살이

크기: 10㎜ 내외 / 먹는 방법: 긁어먹는 무리, 주워먹는 무리 / 행동: 헤엄치는 무리, 기어오르는 무리 / 환경질점수: 4 / 보이는 곳: 유수역(계류, 평지하천)

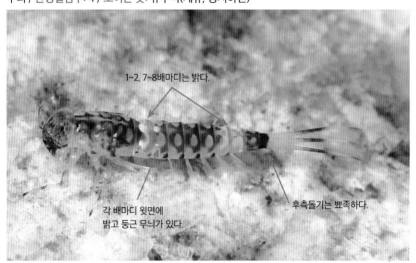

1~2, 7~8배마디는 밝다.

각 배마디 윗면에 밝고 둥근 무늬가 있다.

후측돌기는 뾰족하다.

깨알하루살이

크기: 5㎜ 내외 / 먹는 방법: 주워먹는 무리 / 행동: 붙는 무리, 헤엄치는 무리 / 환경질점수: 3 / 보이는 곳: 유수역(계류, 평지하천, 강)

꼬리는 3개이며 가운데꼬리가 옆꼬리보다 짧다.

콩알하루살이

크기: 5mm 내외 / 먹는 방법: 주워먹는 무리 / 행동: 붙는 무리, 헤엄치는 무리 / 환경질점수: 3 /
보이는 곳: 유수역(계류, 평지하천, 강)

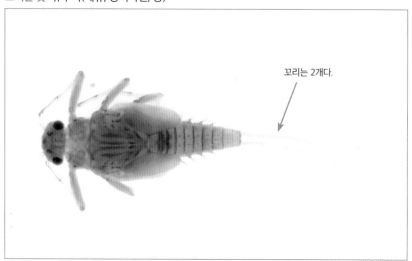

꼬리는 2개다.

길쭉하루살이

크기: 5mm 내외 / 먹는 방법: 주워먹는 무리 / 행동: 붙는 무리, 헤엄치는 무리 / 환경질점수: 2 /
보이는 곳: 유수역(계류, 평지하천)

배마디 윗면에
무늬는 거의 없다.

몸은 가늘고 길며,
몸길이에 비해 폭이 좁다.

애호랑하루살이

크기: 5㎜ 내외 / 먹는 방법: 주워먹는 무리 / 행동: 붙는 무리, 헤엄치는 무리 / 환경질점수: 4 /
보이는 곳: 유수역(계류, 평지하천, 강)

제1~7배마디 가운데에 등가시가 있다.

꼬리는 2개다.

개똥하루살이

크기: 8㎜ 내외 / 먹는 방법: 주워먹는 무리 / 행동: 붙는 무리, 헤엄치는 무리, 기어오르는 무리 /
환경질점수: 2 / 보이는 곳: 유수역(계류, 평지하천, 강)

각 배마디에
밝은 구획이 1쌍씩 있다.

배 윗면에 점이나 무늬는 없고,
제5, 9~10배마디는 밝다.

※ 전국 하천에 폭넓게 서식하며 환경변화와 오염에 대한 내성이 비교적 강하다.

감초하루살이

크기: 8mm 내외 / 먹는 방법: 주워먹는 무리 / 행동: 붙는 무리, 헤엄치는 무리, 기어오르는 무리 /
환경질점수: 3 / 보이는 곳: 유수역(계류, 평지하천)

제2~8배마디에
팔(八)자 점무늬가 있다.

방울하루살이

크기: 5mm 내외 / 먹는 방법: 주워먹는 무리 / 행동: 붙는 무리, 헤엄치는 무리, 기어오르는 무리 /
환경질점수: 3 / 보이는 곳: 유수역(계류, 평지하천, 강)

각 배마디 가운데에
밝은 세로 줄무늬가 있으며,
양 옆에는 둥근 무늬가 있다.

연못하루살이

크기: 10㎜ 내외 / 먹는 방법: 주워먹는 무리 / 행동: 붙는 무리, 헤엄치는 무리 / 환경질점수: 2 /
보이는 곳: 유수역(평지하천, 강), 정수역(연못, 저수지)

기관아가미는 제1~6배마디에
2쌍씩, 제7배마디에 1쌍이 있다.

꼬리 끝부분은 색이 짙다.

※ 유속의 영향이 적고 수변식물이 풍부한 수변부에 개체밀도가 높다.

입술하루살이

크기: 8㎜ 내외 / 먹는 방법: 주워먹는 무리 / 행동: 붙는 무리, 헤엄치는 무리 / 환경질점수: 3 /
보이는 곳: 유수역(평지하천, 강), 정수역(연못, 저수지)

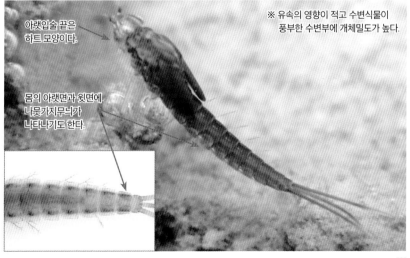

아랫입술 끝은
하트 모양이다.

※ 유속의 영향이 적고 수변식물이
풍부한 수변부에 개체밀도가 높다.

몸의 아랫면과 윗면에
나뭇가지무늬가
나타나기도 한다.

깜장하루살이

크기: 5mm 내외 / 먹는 방법: 주워먹는 무리 / 행동: 붙는 무리, 헤엄치는 무리 / 환경질점수: 없음 /
보이는 곳: 유수역(계류, 평지하천, 강)

몸은 전체적으로 짙은 갈색이나,
제9~10배마디는 밝다.

작은갈고리하루살이

크기: 5mm 내외 / 먹는 방법: 긁어먹는 무리, 주워먹는 무리 / 행동: 붙는 무리, 헤엄치는 무리 /
환경질점수: 3 / 보이는 곳: 유수역(계류, 평지하천)

갈고리하루살이와 닮았으나,
제1~7배마디에 기관아가미가 1쌍씩
있다는 점에서 구별된다.

갈고리하루살이

크기: 5㎜ 내외 / 먹는 방법: 긁어먹는 무리, 주워먹는 무리 / 행동: 붙는 무리, 헤엄치는 무리 /
환경질점수: 3 / 보이는 곳: 유수역(계류, 평지하천)

제10배마디 가장자리는 직선이며
뾰족한 가시가 일렬로 나 있다.

제1~6배마디의 기관아가미는 나뭇잎
모양으로 2쌍씩이며, 서로 겹쳐 보인다.

옛하루살이

크기: 15㎜ 내외 / 먹는 방법: 긁어먹는 무리, 주워먹는 무리 / 행동: 붙는 무리, 헤엄치는 무리 /
환경질점수: 4 / 보이는 곳: 유수역(계류, 평지하천)

기관아가미는 나뭇잎 모양으로
제1~2배마디에 2쌍씩,
제3~7배마디에 1쌍씩 있다.

후측돌기는 날카롭다.

검은물잠자리

크기: 47㎜ 내외 / 먹는 방법: 잡아먹는 무리 / 행동: 기어오르는 무리 / 환경질점수: 3 / 보이는
곳: 유수역(계류, 평지하천)

더듬이 제2마디와
제3마디의 길이는
거의 같다.

물잠자리

크기: 47㎜ 내외 / 먹는 방법: 잡아먹는 무리 / 행동: 기어오르는 무리 / 환경질점수: 3 / 보이는
곳: 유수역(계류, 평지하천)

더듬이 제3마디 길이는
제2마디 길이의
0.6배로 짧다.

등검은실잠자리

크기: 24㎜ 내외 / 먹는 방법: 잡아먹는 무리 / 행동: 기어오르는 무리 / 환경질점수: 2 / 보이는 곳: 유수역(평지하천, 강), 정수역(논, 연못, 저수지)

기관아가미 가운데에
짙은 갈색 무늬가 3개 있다.

제2~8배마디 양 옆 가장자리에
짙은 갈색 반점이 있다.

아시아실잠자리

크기: 21㎜ 내외 / 먹는 방법: 잡아먹는 무리 / 행동: 기어오르는 무리 / 환경질점수: 2 / 보이는 곳: 유수역(평지하천, 강), 정수역(논, 연못, 저수지)

기관아가미는 가늘고 길며,
그 끝은 급격히 좁아진다.

노란실잠자리

크기: 22㎜ 내외 / 먹는 방법: 잡아먹는 무리 / 행동: 기어오르는 무리 / 환경질점수: 2 / 보이는 곳: 정수역(논, 연못, 저수지)

기관아가미는 짧고 끝이 둥글며, 가장자리를 따라 작은 반점이 있다.

방울실잠자리

크기: 20㎜ 내외 / 먹는 방법: 잡아먹는 무리 / 행동: 기어오르는 무리 / 환경질점수: 3 / 보이는 곳: 유수역(평지하천, 강), 정수역(논, 연못, 저수지)

기관아가미는 배 길이보다 약간 짧고, 그 끝에 가늘고 긴 돌기가 없다.

큰자실잠자리

크기: 28㎜ 내외 / 먹는 방법: 잡아먹는 무리 / 행동: 기어오르는 무리 / 환경질점수: 없음 / 보이는 곳: 유수역(평지하천), 정수역(논, 연못, 저수지) / 관리현황: 국외반출승인대상생물자원

기관아가미는 배 길이와 비슷하고, 그 끝에 가늘고 긴 돌기가 있다.

큰청실잠자리

크기: 30㎜ 내외 / 먹는 방법: 잡아먹는 무리 / 행동: 기어오르는 무리 / 환경질점수: 없음 / 보이는 곳: 유수역(평지하천, 강), 정수역(논, 연못) / 관리현황: 국외반출승인대상생물자원

기관아가미 가장자리에 갈색 무늬가 3쌍 있다.

기관아가미는 가늘고 길며 끝이 뾰족하다.

개미허리왕잠자리

크기: 40~45㎜ / 먹는 방법: 잡아먹는 무리 / 행동: 기는 무리, 기어오르는 무리 / 환경질점수: 2 / 보이는 곳: 유수역(계류) / 관리현황: 국외반출승인대상생물자원

머리 뒤쪽 양 옆에는
뾰족한 돌기가 있다.

※ 위협을 느끼면 몸을 U자로 굽혀 죽은 척한다.

긴무늬왕잠자리

크기: 45㎜ 내외 / 먹는 방법: 잡아먹는 무리 / 행동: 기어오르는 무리 / 환경질점수: 2 / 보이는 곳: 유수역(평지하천, 강), 정수역(논, 연못, 저수지)

배 윗면에는 밝은 줄무늬가 있다.

머리는 뒤로 갈수록
급격히 좁아져 각을 이룬다.

큰무늬왕잠자리

크기: 42㎜ 내외 / 먹는 방법: 잡아먹는 무리 / 행동: 기어오르는 무리 / 환경질점수: 2 / 보이는 곳: 정수역(논, 연못, 저수지)

제8~9배마디에 등가시가 있다.

※ 제주도에만 서식하는 것으로 알려진다.

별박이왕잠자리

크기: 49㎜ 내외 / 먹는 방법: 잡아먹는 무리 / 행동: 기어오르는 무리 / 환경질점수: 2 / 보이는 곳: 정수역(논, 연못, 저수지) / 관리현황: 국외반출승인대상생물자원

제6~9배마디에 옆가시가 있다.

미모는 뾰족하다.

제9배마디 옆가시 길이는
제10배마디 길이의 1/2보다 짧다.

참별박이왕잠자리

왕잠자리과

크기: 46㎜ 내외 / 먹는 방법: 잡아먹는 무리 / 행동: 기어오르는 무리 / 환경질점수: 2 / 보이는 곳: 정수역(논, 연못, 저수지) / 관리현황: 국외반출승인대상생물자원

미모 안쪽 끝 부위는 둥글게 굽었다.

제9배마디 옆가시 길이는 제10배마디 길이의 1/2보다 길다.

왕잠자리

잠자리 무리

왕잠자리과

크기: 42㎜ 내외 / 먹는 방법: 잡아먹는 무리 / 행동: 기어오르는 무리 / 환경질점수: 2 / 보이는 곳: 유수역(평지하천, 강), 정수역(논, 연못, 저수지)

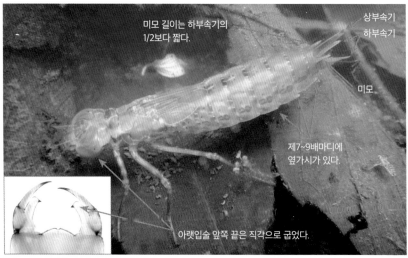

미모 길이는 하부속기의 1/2보다 짧다.

상부속기
하부속기

미모

제7~9배마디에 옆가시가 있다.

아랫입술 앞쪽 끝은 직각으로 굽었다.

먹줄왕잠자리

크기: 44㎜ 내외 / 먹는 방법: 잡아먹는 무리 / 행동: 기어오르는 무리 / 환경질점수: 2 / 보이는 곳: 유수역(평지하천, 강), 정수역(논, 연못, 저수지)

미모 길이는 하부속기의 1/2보다 길다.

아랫입술 앞쪽 끝은 안쪽으로 굽었다.

마아키측범잠자리

크기: 44㎜ 내외 / 먹는 방법: 잡아먹는 무리 / 행동: 굴파는 무리 / 환경질점수: 3 / 보이는 곳: 유수역(평지하천, 강)

제9배마디에 등가시가 있다.

날개주머니는 타원형으로 곧게 뻗었다.

앞다리와 가운데다리 종아리마디 끝에 명확한 돌기가 있다.

어리측범잠자리

크기: 29㎜ 내외 / 먹는 방법: 잡아먹는 무리 / 행동: 굴파는 무리 / 환경질점수: 2 / 보이는 곳:
유수역(계류, 평지하천)

제8~9배마디에 등가시가 있다.

제6~9배마디에
옆가시가 있다.

호리측범잠자리

크기: 35㎜ 내외 / 먹는 방법: 잡아먹는 무리 / 행동: 굴파는 무리 / 환경질점수: 2 / 보이는 곳:
유수역(평지하천, 강), 정수역(저수지)

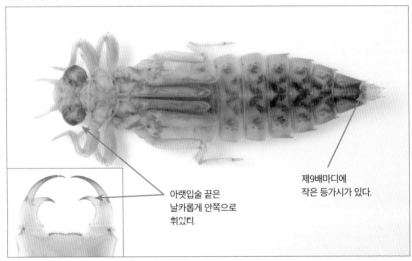

아랫입술 끝은
날카롭게 안쪽으로
휘있디.

제9배마디에
작은 등가시가 있다.

쇠측범잠자리

크기: 20mm 내외 / 먹는 방법: 잡아먹는 무리 / 행동: 굴파는 무리 / 환경질점수: 3 / 보이는 곳: 유수역(계류, 평지하천) / 관리현황: 국외반출승인대상생물자원

등가시가 없다.

날개주머니는 팔(八)자 모양으로 약간 벌어졌다.

검정측범잠자리

크기: 25mm 내외 / 먹는 방법: 잡아먹는 무리 / 행동: 굴파는 무리 / 환경질점수: 2 / 보이는 곳: 유수역(평지하천, 강), 정수역(연못, 저수지) / 관리현황: 국외반출승인대상생물자원

제10배마디는 매우 길다.

옆가시는 제7~9배마디에 있으나 매우작으며, 등가시는 대체로 없다.

가시측범잠자리

크기: 25mm 내외 / 먹는 방법: 잡아먹는 무리 / 행동: 굴파는 무리 / 환경질점수: 2 / 보이는 곳: 유수역(평지하천, 강), 정수역(연못, 저수지) / 관리현황: 국외반출승인대상생물자원

제4~9배마디에
뾰족한 등가시가 있다.

제6~9배마디에
옆가시가 있다.

노란측범잠자리

크기: 27mm 내외 / 먹는 방법: 잡아먹는 무리 / 행동: 굴파는 무리 / 환경질점수: 4 / 보이는 곳: 유수역(평지하천, 강) / 관리현황: 국외반출승인대상생물자원

제2~9배마디에 등가시가 있다.

측범잠자리와 닮았으나,
더듬이 제3마디가
둥근 주걱 모양인 점에서 구별된다.

날개주머니가 팔(八)자로
크게 벌어졌다.

측범잠자리

크기: 31㎜ 내외 / 먹는 방법: 잡아먹는 무리 / 행동: 굴파는 무리 / 환경질점수: 2 / 보이는 곳: 유수역(계류, 평지하천) / 관리현황: 국외반출승인대상생물자원

제2~9배마디에 등가시가 있다.

날개주머니가 팔(八)자로 크게 벌어졌다.

노란측범잠자리와 닮았으나, 더듬이 제3마디가 긴 자루 모양인 점에서 구별된다.

어리장수잠자리

크기: 40㎜ 내외 / 먹는 방법: 잡아먹는 무리 / 행동: 굴파는 무리 / 환경질점수: 3 / 보이는 곳: 유수역(계류, 평지하천) / 관리현황: 국외반출승인대상생물자원

더듬이 제3마디는 크고 넓으며 둥글다.

배는 폭이 넓고 납작하다.

어리부채장수잠자리

크기: 32㎜ 내외 / 먹는 방법: 잡아먹는 무리 / 행동: 굴파는 무리 / 환경질점수: 2 / 보이는 곳:
유수역(평지하천), 정수역(연못, 저수지)

배는 둥글고
가운데가 높이 솟았다.

더듬이 제3마디는
긴 막대 모양이다.

장수잠자리

크기: 52㎜ 내외 / 먹는 방법: 잡아먹는 무리 / 행동: 기어오르는 무리 / 환경질점수: 2 / 보이는
곳: 유수역(계류)

아랫입술 측편 치열은
크고 불규칙하다.

아랫입술 중편 앞쪽 가운데에
치상돌기가 1쌍 있다.

언저리잠자리

크기: 25mm 내외 / 먹는 방법: 잡아먹는 무리 / 행동: 기는 무리, 기어오르는 무리 / 환경질점수: 3 / 보이는 곳: 유수역(평지하천, 강), 정수역(논, 연못, 저수지) / 관리현황: 국외반출승인대상생물자원

겹눈 뒤쪽에
작은 돌기가 2개 있다.

등가시는 제1~9배마디에
있으며 날카롭다.

밑노란잠자리

크기: 25mm 내외 / 먹는 방법: 잡아먹는 무리 / 행동: 기는 무리 / 환경질점수: 2 / 보이는 곳: 정수역(산지습지, 연못, 저수지)

상부속기와 미모는
하부속기 길이의 1/2 정도다.

등가시는
제5~9배마디에 있다.

백두산북방잠자리

크기: 25㎜ 내외 / 먹는 방법: 잡아먹는 무리 / 행동: 기는 무리 / 환경질점수: 없음 / 보이는 곳: 정수역(산지습지, 연못, 저수지)

상부속기와 미모의 길이는 하부속기 길이와 비슷하다.

제8~9배마디의 옆가시는 굵다.

산잠자리

크기: 40㎜ 내외 / 먹는 방법: 잡아먹는 무리 / 행동: 기는 무리 / 환경질점수: 2 / 보이는 곳: 유수역(평지하천, 강), 정수역(연못, 저수지)

아랫입술 측편은 톱니 모양으로 날카롭다.

뒷머리 돌기는 길다.

잔산잠자리

크기: 30㎜ 내외 / 먹는 방법: 잡아먹는 무리 / 행동: 기는 무리 / 환경질점수: 2 / 보이는 곳: 유수역(평지하천, 강), 정수역(저수지) / 관리현황: 국외반출승인대상생물자원

배 양 옆 가장자리에 뚜렷한 반점이 있다.

각 다리의 종아리마디에 긴 강모가 밀생한다.

노란잔산잠자리

크기: 28㎜ 내외 / 먹는 방법: 잡아먹는 무리 / 행동: 기는 무리 / 환경질점수: 2 / 보이는 곳: 유수역(평지하천, 강) / 관리현황: 멸종위기야생생물Ⅱ급

가운데와 뒷다리 발톱 길이는 제3발목마디 길이와 거의 같다.

배 양 옆 가장자리에 둥근 반점이 있다.

만주잔산잠자리

크기: 30㎜ 내외 / 먹는 방법: 잡아먹는 무리 / 행동: 기는 무리 / 환경질점수: 2 / 보이는 곳: 유수역(평지하천, 강), 정수역(저수지)

배 양 옆 가장자리에는 직각이나 흔적만 남은 반점이 있다.

다리에 강모가 없다.

대모잠자리

크기: 21㎜ 내외 / 먹는 방법: 잡아먹는 무리 / 행동: 기는 무리 / 환경질점수: 2 / 보이는 곳: 정수역(논, 연못, 저수지) / 관리현황: 멸종위기야생생물 II급

제3~9배마디에 크고 날카로운 등가시가 있다.

겹눈 사이에 짙은 가로 줄무늬가 있다.

몸에는 긴 털이 많다.

넉점박이잠자리

크기: 24㎜ 내외 / 먹는 방법: 잡아먹는 무리 / 행동: 기는 무리 / 환경질점수: 2 / 보이는 곳: 유수역(평지하천, 강), 정수역(논, 연못, 저수지)

제3~8배마디에
짧은 등가시가 있다.

겹눈 사이에 짙은
가로 줄무늬가 있다.

밀잠자리

크기: 25㎜ 내외 / 먹는 방법: 잡아먹는 무리 / 행동: 기는 무리 / 환경질점수: 2 / 보이는 곳: 유수역(평지하천, 강), 정수역(논, 연못, 저수지)

머리는 사각형에
가깝고, 겹눈은 작다.

제8~9배마디에 작은 옆가시가
있으며, 등가시는 없다.

큰밀잠자리

잠자리 무리
잠자리과

크기: 22㎜ 내외 / 먹는 방법: 잡아먹는 무리 / 행동: 기는 무리 / 환경질점수: 2 / 보이는 곳: 유수역(평지하천), 정수역(산지습지, 논, 연못)

제4~7배마디에 등가시가 있다.

꼬마잠자리

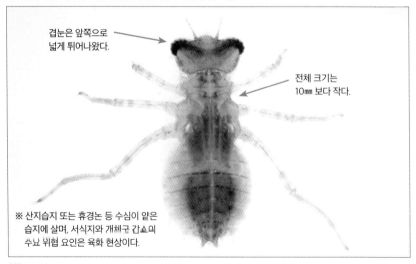

잠자리 무리
잠자리과

크기: 10㎜ 이하 / 먹는 방법: 잡아먹는 무리 / 행동: 기는 무리 / 환경질점수: 2 / 보이는 곳: 정수역(산지습지, 논) / 관리현황: 멸종위기야생생물Ⅱ급

겹눈은 앞쪽으로 넓게 튀어나왔다.

전체 크기는 10㎜ 보다 작다.

※ 산지습지 또는 휴경논 등 수심이 얕은 습지에 살며, 서식지와 개체군 감소의 수요 위협 요인은 육화 현상이다.

배치레잠자리

크기: 16㎜ 내외 / 먹는 방법: 잡아먹는 무리 / 행동: 기는 무리 / 환경질점수: 2 / 보이는 곳: 유수역(평지하천, 강), 정수역(논, 연못, 저수지)

제4~9배마디에 가시 모양 등가시가 있고, 제9배마디의 등가시는 매우 길어 제10배마디 끝을 넘는다.

고추잠자리

크기: 22㎜ 내외 / 먹는 방법: 잡아먹는 무리 / 행동: 기는 무리 / 환경질점수: 2 / 보이는 곳: 유수역(평지하천, 강), 정수역(논, 연못, 저수지)

상부속기와 하부속기 길이는 서로 비슷하다.

등가시가 없다.

머리는 오각형에 가까우며, 겹눈은 크고 앞쪽으로 튀어나왔다.

밀잠자리붙이

크기: 25㎜ 내외 / 먹는 방법: 잡아먹는 무리 / 행동: 기는 무리 / 환경질점수: 2 / 보이는 곳: 유수역(평지하천, 강), 정수역(논, 연못, 저수지)

제4~9배마디에 뒤로 굽은 등가시가 있다.

배는 넓고 크며, 가운데에 갈색 무늬가 있다.

머리는 오각형에 가까우며, 겹눈은 작다.

고추좀잠자리

크기: 17㎜ 내외 / 먹는 방법: 잡아먹는 무리 / 행동: 기는 무리 / 환경질점수: 2 / 보이는 곳: 유수역(평지하천, 강), 정수역(논, 연못, 저수지)

제8배마디 옆가시는 제9배마디 구분선과 비슷하며, 제9배마디 옆가시는 하부속기 길이의 3/4 정도다.

두점박이좀잠자리

크기: 17㎜ 내외 / 먹는 방법: 잡아먹는 무리 / 행동: 기는 무리 / 환경질점수: 2 / 보이는 곳: 유수역(평지하천, 강), 정수역(논, 연못, 저수지)

등가시는 제4~8배마디에 있으며,
제8배마디 등가시의 길이는
제9배마디 길이의 1/2보다 길다.

제8배마디 옆가시는
길지만, 제9배마디
구분선에는 못 미친다.

깃동잠자리

크기: 18㎜ 내외 / 먹는 방법: 잡아먹는 무리 / 행동: 기는 무리 / 환경질점수: 2 / 보이는 곳: 유수역(평지하천), 정수역(논, 연못, 저수지)

제8배마디 옆가시는 제9배마디의
구분선보다 길며, 제9배마디
옆가시는 하부속기 길이와 비슷하다.

노란허리잠자리

크기: 22mm 내외 / 먹는 방법: 잡아먹는 무리 / 행동: 기는 무리 / 환경질점수: 2 / 보이는 곳: 유수역(평지하천, 강), 정수역(논, 연못, 저수지)

배는 타원형이고 전체적으로 갈색이며, 밝은 무늬가 있다.

제2~9배마디에 짧은 등가시가 있다.

넓적다리마디에 2개, 종아리마디에 3개의 짙은 무늬가 있다.

된장잠자리

크기: 25mm 내외 / 먹는 방법: 잡아먹는 무리 / 행동: 기는 무리 / 환경질점수: 2 / 보이는 곳: 유수역(평지하천, 강), 정수역(논, 연못, 저수지)

제2~4배마디에 매우 작은 등가시가 있다.

옆가시는 제8~9배마디에 있고, 제9배마디의 옆가시는 매우 커서 제9배마디 길이의 2배에 이른다.

나비잠자리

크기: 17mm 내외 / 먹는 방법: 잡아먹는 무리 / 행동: 기는 무리 / 환경질점수: 2 / 보이는 곳: 유수역(평지하천, 강), 정수역(연못, 저수지)

제3~9배마디에 작은 등가시가 있다.

배는 아래가 넓은 타원형으로 제9~10배마디가 급격하게 좁아진다.

민날개강도래

크기: 25mm 내외 / 먹는 방법: 썰어먹는 무리 / 행동: 기는 무리 / 환경질점수: 4 / 보이는 곳: 유수역(계류), 정수역(산지습지) / 관리현황: 한반도 고유종, 국외반출승인대상생물자원

제10배마디에 다발을 이룬 아가미술이 있다.

※ 민날개강도래과 성충은 날개가 없으며 지리적으로 격리되어 있다.
본 종은 오대산 일대를 중심으로 서식한다.

한국민날개강도래

크기: 25㎜ 내외 / 먹는 방법: 썰어먹는 무리 / 행동: 기는 무리 / 환경질점수: 없음 / 보이는 곳:
유수역(계류), 정수역(산지습지) / 관리현황: 국외반출승인대상생물자원

제10배마디에 다발을 이룬
아가미술이 있다.

※ 민날개강도래과 성충은 날개가 없으며 지리적으로 격리되어 있다.
　본종은 치악산 일대를 중심으로 서식한다.

지리산민날개강도래

크기: 25㎜ 내외 / 먹는 방법: 썰어먹는 무리 / 행동: 기는 무리 / 환경질점수: 없음 / 보이는 곳:
유수역(계류), 정수역(산지습지)

제10배마디에 다발을 이룬
아가미술이 있다.

※ 민날개강도래과 성충은 날개가 없으며 지리적으로 격리되어 있다.
　본종은 지리산 일대를 중심으로 서식한다.

메추리강도래류

크기: 10㎜ 내외 / 먹는 방법: 썰어먹는 무리 / 행동: 기는 무리, 붙는 무리 / 환경질점수: 4 / 보이는 곳: 유수역(계류)

더듬이 기부의 흔들마디는 굵은 편이다.

더듬이와 꼬리는 몸길이와 비슷하다.

총채민강도래

크기: 15㎜ 내외 / 먹는 방법: 썰어먹는 무리 / 행동: 기는 무리, 붙는 무리 / 환경질점수: 4 / 보이는 곳: 유수역(계류), 정수역(산지습지) / 관리현황: 국외반출승인대상생물자원

몸 전체가 점액질로 덮여 있다.

앞가슴 아랫면에는 분지된 흰색 기관아가미가 2쌍 있다.

총채민강도래 KUa

크기: 10㎜ 내외 / 먹는 방법: 썰어먹는 무리 / 행동: 기는 무리, 붙는 무리 / 환경질점수: 4 / 보이는 곳: 유수역(계류), 정수역(산지습지)

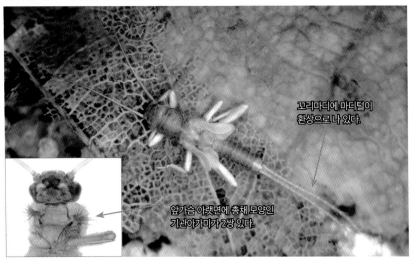

꼬리마디에 마디털이
환상으로 나 있다.

앞가슴 아랫면에 총채 모양인
기관아가미가 2쌍 있다.

민강도래 KUa

크기: 10㎜ 내외 / 먹는 방법: 썰어먹는 무리 / 행동: 기는 무리, 붙는 무리 / 환경질점수: 4 / 보이는 곳: 유수역(계류, 평지하천)

민강도래 KUb와 닮았으나,
머리에 홑눈은 보이지
않는다는 점에서 구별된다.

민강도래 KUb

크기: 10㎜ 내외 / 먹는 방법: 썰어먹는 무리 / 행동: 기는 무리, 붙는 무리 / 환경질점수: 4 / 보이는 곳: 유수역(계류, 평지하천)

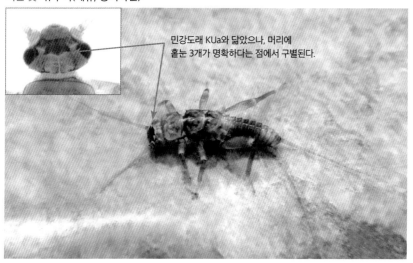

민강도래 KUa와 닮았으나, 머리에
홑눈 3개가 명확하다는 점에서 구별된다.

삼새민강도래

크기: 10㎜ 내외 / 먹는 방법: 썰어먹는 무리 / 행동: 기는 무리, 붙는 무리 / 환경질점수: 4 / 보이는 곳: 유수역(계류), 정수역(산지습지) / 관리현황: 한반도 고유종

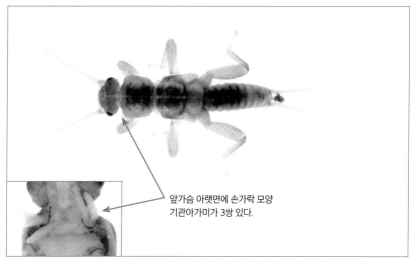

앞가슴 아랫면에 손가락 모양
기관아가미가 3쌍 있다.

새밭강도래

크기: 30㎜ 내외 / 먹는 방법: 잡아먹는 무리 / 행동: 기는 무리, 붙는 무리 / 환경질점수: 4 / 보이는 곳: 유수역(계류, 평지하천, 강) / 관리현황: 한반도 고유종, 국외반출승인대상생물자원

배 끝 꼬리 사이에 뒤쪽을
향하는 뾰족한 돌기가 있다.

꼬마강도래

크기: 8mm 내외 / 먹는 방법: 썰어먹는 무리 / 행동: 기는 무리, 붙는 무리 / 환경질점수: 4 / 보이는 곳: 유수역(계류)

날개주머니는 폭이 좁고 몸과 평행한다.

윗입술은 사각형으로 크고 두껍다.

넓은가슴강도래

크기: 10mm 내외 / 먹는 방법: 썰어먹는 무리, 긁어먹는 무리 / 행동: 기는 무리, 붙는 무리 / 환경질점수: 4 / 보이는 곳: 유수역(계류)

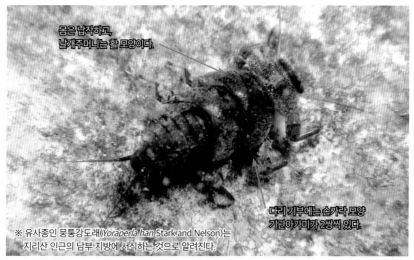

몸은 납작하고, 날개주머니는 활 모양이다.

다리 기부에는 손가락 모양 기관아가미가 2쌍씩 있다.

※ 유사종인 뭉퉁강도래(*Yoraperla han* Stark and Nelson)는 지리산 인근의 남부 지방에 서식하는 것으로 알려진다.

큰그물강도래

큰그물강도래과

크기: 50㎜ 내외 / 먹는 방법: 썰어먹는 무리, 긁어먹는 무리 / 행동: 기는 무리, 붙는 무리 / 환경
질점수: 4 / 보이는 곳: 유수역(계류)

제10배마디 윗면은
뾰족하게 튀어나왔다.

각 가슴과 제1~2배마디
아랫면에 술 모양
기관아가미가 있다.

앞가슴 양 옆의 가장자리는
뚜렷하게 튀어나왔다.

※최근 연구에서 한국큰그물강도래는 큰그물강도래의 동종이명(synonym)으로 처리되었다.

줄강도래 KUa

그물강도래과

크기: 15㎜ 내외 / 먹는 방법: 잡아먹는 무리 / 행동: 기는 무리, 붙는 무리 / 환경질점수: 4 / 보이
는 곳: 유수역(계류, 평지하천)

배 윗면에 세로 줄무늬가
3개 있다.

그물강도래붙이

크기: 20㎜ 내외 / 먹는 방법: 잡아먹는 무리 / 행동: 기는 무리, 붙는 무리 / 환경질점수: 4 / 보이는 곳: 유수역(계류, 평지하천)

가슴 윗면에 연꽃무늬가 있다.

머리 앞부분에
밝은 V자 무늬가 있다.

그물강도래

크기: 35㎜ 내외 / 먹는 방법: 잡아먹는 무리 / 행동: 붙는 무리 / 환경질점수: 4 / 보이는 곳: 유수역(계류)

머리와 가슴 아랫면에 손가락
모양 기관아가미가 1쌍씩 있다.

점등그물강도래 KUa

크기: 30㎜ 내외 / 먹는 방법: 잡아먹는 무리 / 행동: 붙는 무리 / 환경질점수: 4 / 보이는 곳: 유수역(평지하천, 강)

배마디 윗면 가운데와 양 옆에는 반점이 3쌍씩 있다.

한국강도래

크기: 30㎜ 내외 / 먹는 방법: 잡아먹는 무리 / 행동: 붙는 무리 / 환경질점수: 4 / 보이는 곳: 유수역(계류) / 관리현황: 한반도 고유종, 국외반출승인대상생물자원

각 가슴 아랫면에 술 모양 기관아가미가 있다.

머리 뒤쪽에 뚜렷한 가로융선이 있다.

항문아가미는 없으며, 꼬리 위와 안쪽으로 긴 강모가 조밀하게 나 있다.

무늬강도래

크기: 25㎜ 내외 / 먹는 방법: 잡아먹는 무리 / 행동: 붙는 무리 / 환경질점수: 4 / 보이는 곳: 유수역(계류)

홑눈은 2개다.

몸은 밝은 황갈색이며, 머리 뒤쪽에 가로 융선이 없다.

각 가슴과 배 끝에 술 모양 기관아가미가 있다.

두눈강도래

크기: 15㎜ 내외 / 먹는 방법: 잡아먹는 무리 / 행동: 붙는 무리 / 환경질점수: 4 / 보이는 곳: 유수역(계류, 평지하천, 강) / 관리현황: 한반도 고유종, 국외반출승인대상생물자원

머리 뒤쪽에 뚜렷한 가로 융선이 있다.

홑눈은 2개다.

각 가슴과 배 끝에 술 모양 기관아가미가 있다.

진강도래

크기: 30㎜ 내외 / 먹는 방법: 잡아먹는 무리 / 행동: 붙는 무리 / 환경질점수: 4 / 보이는 곳: 유수역(계류) / 관리현황: 국외반출승인대상생물자원

홑눈은 3개이며, 머리 뒤쪽에 뚜렷한 가로 융선이 있다.

각 가슴과 배 끝에 술 모양 기관아가미가 있다.

강도래붙이

크기: 40㎜ 내외 / 먹는 방법: 잡아먹는 무리 / 행동: 붙는 무리 / 환경질점수: 4 / 보이는 곳: 유수역(계류)

머리 앞쪽에 밝은 V자 구획이 있으며, 뚜렷한 뒷머리 융선이 있다.

가슴부터 배 끝까지 가운데에 긴 털이 세로로 나 있다.

제10배마디 윗면에 밝은 역삼각무늬가 있다.

녹색강도래

크기: 10㎜ 내외 / 먹는 방법: 잡아먹는 무리 / 행동: 붙는 무리 / 환경질점수: 4 / 보이는 곳: 유수역(계류)

꼬리는 배에 비해 매우 짧으며, 기부는 두껍다.

왕물벌레

크기: 12㎜ 내외 / 먹는 방법: 수액빠는 무리, 잡아먹는 무리 / 행동: 헤엄치는 무리, 기어오르는 무리 / 환경질점수: 2 / 보이는 곳: 정수역(산지습지, 연못, 저수지)

크기는 10㎜ 이상이며, 앞가슴 윗면에 검은색 가로 줄무늬가 10개 정도 있다.

꼬마물벌레

노린재 무리
물벌레과

크기: 3mm 내외 / 먹는 방법: 주워먹는 무리, 잡아먹는 무리 / 행동: 헤엄치는 무리, 기어오르는 무리 / 환경질점수: 2 / 보이는 곳: 유수역(평지하천, 강, 하구), 정수역(논, 연못, 석호, 저수지)

크기는 3mm 내외이며, 작은방패판이 뚜렷하게 보인다.

방물벌레

노린재 무리
물벌레과

크기: 7mm 내외 / 먹는 방법: 주워먹는 무리, 수액빠는 무리 / 행동: 헤엄치는 무리, 기어오르는 무리 / 환경질점수: 2 / 보이는 곳: 유수역(평지하천, 강), 정수역(논, 연못, 저수지)

왕물벌레와 닮았으나, 크기가 작고 앞가슴 윗면에 검은빛 가로 줄무늬가 7~9개 있다는 점에서 구별된다.

남쪽애송장헤엄치게

크기: 13㎜ 내외 / 먹는 방법: 잡아먹는 무리 / 행동: 헤엄치는 무리 / 환경질점수: 없음 / 보이는 곳: 유수역(평지하천, 강), 정수역(산지습지, 연못, 저수지)

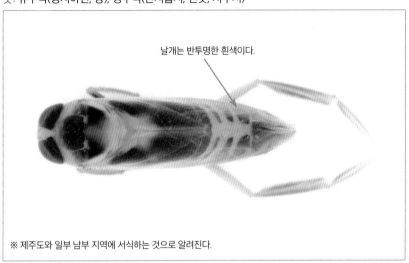

날개는 반투명한 흰색이다.

※ 제주도와 일부 남부 지역에 서식하는 것으로 알려진다.

송장헤엄치게

크기: 13㎜ 내외 / 먹는 방법: 잡아먹는 무리 / 행동: 헤엄치는 무리 / 환경질점수: 2 / 보이는 곳: 유수역(평지하천, 강), 정수역(산지습지, 연못, 저수지)

몸 윗면은 황색 바탕에 회흑색 무늬가 있다.

뒷다리는 긴 노 모양이며 안쪽으로 강모가 밀생한다.

꼬마둥글물벌레

크기: 2㎜ 내외 / 먹는 방법: 잡아먹는 무리 / 행동: 헤엄치는 무리, 기어오르는 무리 / 환경질점수: 2 / 보이는 곳: 유수역(평지하천), 정수역(산지습지, 논, 연못, 저수지)

몸 윗면이 볼록한 알 모양이다.

물둥구리

크기: 12㎜ 내외 / 먹는 방법: 잡아먹는 무리 / 행동: 붙는 무리, 헤엄치는 무리 / 환경질점수: 2 / 보이는 곳: 유수역(평지하천, 강, 석호), 정수역(논, 연못, 저수지)

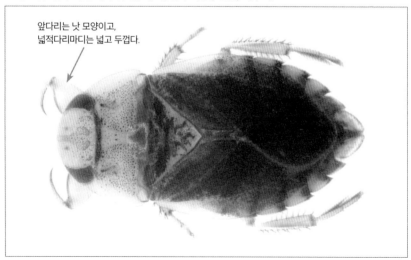

앞다리는 낫 모양이고, 넓적다리마디는 넓고 두껍다.

물빈대

크기: 8mm 내외 / 먹는 방법: 잡아먹는 무리 / 행동: 기는 무리, 헤엄치는 무리 / 환경질점수: 2 / 보이는 곳: 유수역(평지하천, 강)

제2~6배마디 양 옆에는 톱니 모양후측돌기가있다.

물자라

크기: 20mm 내외 / 먹는 방법: 잡아먹는 무리 / 행동: 헤엄치는 무리, 기어오르는 무리 / 환경질 점수: 2 / 보이는 곳: 유수역(평지하천, 강), 정수역(논, 연못, 석호, 저수지)

머리는 삼각형이며 앞쪽으로 튀어나왔다.

각시물자라

크기: 16㎜ 내외 / 먹는 방법: 잡아먹는 무리 / 행동: 헤엄치는 무리, 기어오르는 무리 / 환경질점
수: 2 / 보이는 곳: 유수역(평지하천, 강), 정수역(논, 연못, 저수지)

앞날개 양 옆 가장자리에
점각이 있다.

물장군

크기: 70㎜ 내외 / 먹는 방법: 잡아먹는 무리 / 행동: 헤엄치는 무리, 기어오르는 무리 / 환경질
점수: 2 / 보이는 곳: 정수역(논, 연못, 저수지) / 관리현황: 멸종위기야생생물Ⅱ급

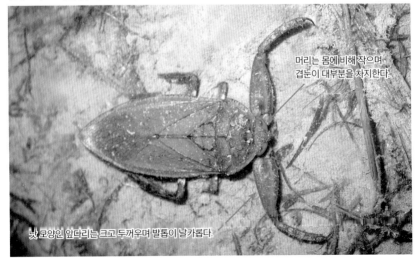

머리는 몸에 비해 작으며
겹눈이 대부분을 차지한다.

낫 모양인 앞다리는 크고 두꺼우며 발톱이 날카롭다.

장구애비

크기: 37mm 내외 / 먹는 방법: 잡아먹는 무리 / 행동: 기어오르는 무리 / 환경질점수: 2 / 보이는 곳: 유수역(평지하천, 강), 정수역(논, 연못, 저수지)

호흡관 길이는 몸길이와 비슷하다.

몸길이는 폭의 3배 정도다.

메추리장구애비

크기: 20mm 내외 / 먹는 방법: 잡아먹는 무리 / 행동: 기어오르는 무리 / 환경질점수: 2 / 보이는 곳: 유수역(평지하천, 강), 정수역(논, 연못, 저수지)

몸길이는 폭의 2배 정도다.

장구애비와 닮았으나, 호흡관이 몸길이에 비해 매우 짧다는 점에서 구별된다.

게아재비

크기: 43㎜ 내외 / 먹는 방법: 잡아먹는 무리 / 행동: 기어오르는 무리 / 환경질점수: 2 / 보이는 곳: 유수역(평지하천, 강), 정수역(논, 연못, 저수지)

호흡관 길이는 몸길이와 비슷하다.

몸은 가늘고 긴 원통형이다.

방게아재비

크기: 27㎜ 내외 / 먹는 방법: 잡아먹는 무리 / 행동: 기어오르는 무리 / 환경질점수: 2 / 보이는 곳: 유수역(평지하천, 강), 정수역(논, 연못, 저수지)

게아재비와 닮았으나, 호흡관이 몸길이의 2/3 정도로 짧다는 점에서 구별된다.

실소금쟁이

크기: 10㎜ 내외 / 먹는 방법: 잡아먹는 무리 / 행동: 지치는 무리 / 환경질점수: 2 / 보이는 곳:
정수역(논, 연못, 저수지)

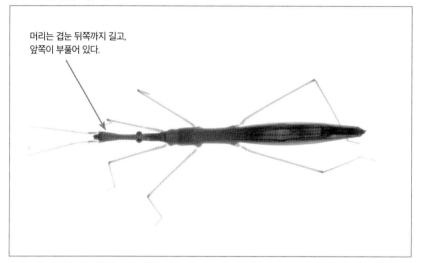

머리는 겹눈 뒤쪽까지 길고,
앞쪽이 부풀어 있다.

소금쟁이

크기: 14㎜ 내외 / 먹는 방법: 잡아먹는 무리 / 행동: 지치는 무리 / 환경질점수: 2 / 보이는 곳:
유수역(계류, 평지하천, 강, 하구), 정수역(산지습지, 논, 연못, 석호, 저수지)

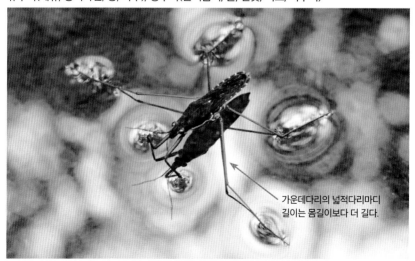

가운데다리의 넓적다리마디
길이는 몸길이보다 더 길다.

광대소금쟁이

크기: 6㎜ 내외 / 먹는 방법: 잡아먹는 무리 / 행동: 지치는 무리 / 환경질점수: 2 / 보이는 곳: 유수역(계류)

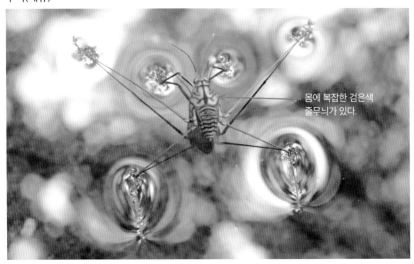

몸에 복잡한 검은색
줄무늬가 있다.

좀뱀잠자리 KUa

크기: 18㎜ 내외 / 먹는 방법: 잡아먹는 무리 / 행동: 붙는 무리, 굴파는 무리 / 환경질점수: 3 / 보이는 곳: 유수역(계류), 정수역(산지습지)

배 끝에 긴 꼬리털이
1개 있다.

제1~7배마디 양 옆에
부속기가 1쌍씩 있다.

뱀잠자리붙이

크기: 50㎜ 내외 / 먹는 방법: 잡아먹는 무리 / 행동: 붙는 무리, 기어오르는 무리 / 환경질점수: 4 / 보이는 곳: 유수역(계류, 평지하천, 강)

제8배마디 윗면에 돌기가 1쌍 있다.

각 배마디 양 옆에 부속기가 1쌍 있으며 강모가 없다.

※기존 문헌에서 대륙뱀잠자리(*P. continentalis*)로 기재되었으나 최근 개명되었다.

노란뱀잠자리

크기: 58㎜ 내외 / 먹는 방법: 잡아먹는 무리 / 행동: 붙는 무리, 기어오르는 무리 / 환경질점수: 4 / 보이는 곳: 유수역(계류, 평지하천, 강)

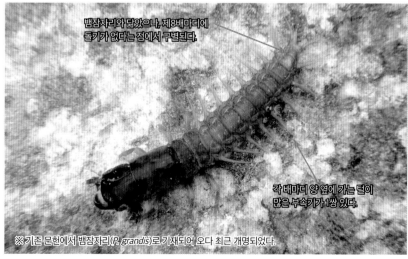

뱀잠자리와 닮았으나, 제8배마디에 돌기가 없다는 점에서 구별된다.

각 배마디 양 옆에 가는 털이 많은 부속기가 1쌍 있다.

※기존 문헌에서 뱀잠자리(*P. grandis*)로 기재되어 오다 최근 개명되었다.

땅콩물방개

크기: 8㎜ 내외 / 먹는 방법: 잡아먹는 무리 / 행동: 헤엄치는 무리, 잠수하는 무리 / 환경질점수: 2 / 보이는 곳: 정수역(논, 연못, 저수지)

앞가슴 윗면은 검은색이다.

딱지날개는 적갈색이다.

큰땅콩물방개

크기: 12㎜ 내외 / 먹는 방법: 잡아먹는 무리 / 행동: 헤엄치는 무리, 잠수하는 무리 / 환경질점수: 2 / 보이는 곳: 정수역(산지습지, 논, 연못, 저수지)

딱지날개 양 옆 가장자리를 따라 연한 황갈색 띠가 있다.

검정물방개

크기: 25㎜ 내외 / 먹는 방법: 잡아먹는 무리 / 행동: 헤엄치는 무리, 잠수하는 무리 / 환경질점수: 2 / 보이는 곳: 유수역(평지하천, 강), 정수역(산지습지, 논, 연못, 저수지)

몸은 검은색으로 보이지만
녹색 광택이 있다.

딱지날개 뒷가장자리에 옅은
적황색 점무늬가 1쌍 있다.

물방개

크기: 40㎜ 내외 / 먹는 방법: 잡아먹는 무리 / 행동: 헤엄치는 무리, 잠수하는 무리 / 환경질점수: 2 / 보이는 곳: 유수역(평지하천), 정수역(산지습지, 논, 연못, 저수지) / 관리현황: 국외반출승인 대상생물자원

앞가슴과 딱지날개의 가장자리를 따라
노란색 줄무늬가 테두리를 이룬다.

몸은 검은색으로 보이지만
녹색 광택이 있다.

아담스물방개

크기: 15㎜ 내외 / 먹는 방법: 잡아먹는 무리 / 행동: 헤엄치는 무리, 잠수하는 무리 / 환경질점수: 2 / 보이는 곳: 정수역(논, 연못, 저수지) / 관리현황: 국외반출승인대상생물자원

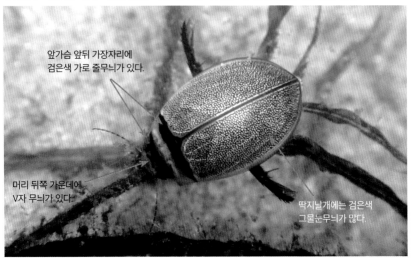

앞가슴 앞뒤 가장자리에
검은색 가로 줄무늬가 있다.

머리 뒤쪽 가운데에
V자 무늬가 있다.

딱지날개에는 검은색
그물눈무늬가 많다.

줄무늬물방개

크기: 15㎜ 내외 / 먹는 방법: 잡아먹는 무리 / 행동: 헤엄치는 무리, 잠수하는 무리, 기어오르는 무리 / 환경질점수: 2 / 보이는 곳: 정수역(산지습지, 논, 연못, 저수지)

딱지날개에는 날개 끝에서 서로 만나는
노란색 세로 줄무늬가 2쌍 있다.

딱지날개 윗면 가운데에
노랗고 둥근 무늬가 1쌍 있다.

큰알락물방개

크기: 17mm 내외 / 먹는 방법: 잡아먹는 무리 / 행동: 헤엄치는 무리, 잠수하는 무리, 기어오르는 무리 / 환경질점수: 2 / 보이는 곳: 정수역(산지습지, 논, 연못, 저수지) / 관리현황: 국외반출승인대상생물자원

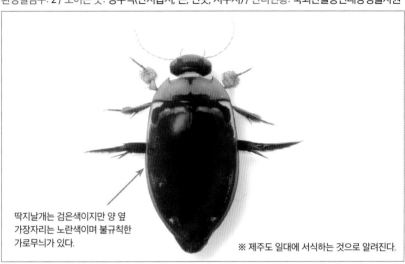

딱지날개는 검은색이지만 양 옆 가장자리는 노란색이며 불규칙한 가로무늬가 있다.

※ 제주도 일대에 서식하는 것으로 알려진다.

꼬마줄물방개

크기: 10mm 내외 / 먹는 방법: 잡아먹는 무리 / 행동: 헤엄치는 무리, 잠수하는 무리, 기어오르는 무리 / 환경질점수: 2 / 보이는 곳: 유수역(평지하천, 강), 정수역(논, 연못, 저수지)

딱지날개에 검은색 세로 줄무늬가 있으며, 딱지날개가 접하는 부분은 검은색이다.

꼬마물방개

크기: 2㎜ 내외 / 먹는 방법: 잡아먹는 무리 / 행동: 헤엄치는 무리, 잠수하는 무리, 기어오르는 무리 / 환경질점수: 2 / 보이는 곳: 정수역(논, 연못, 저수지)

딱지날개에 세로 줄무늬가 2~3쌍 있다.

가는줄물방개

크기: 5㎜ 내외 / 먹는 방법: 잡아먹는 무리 / 행동: 헤엄치는 무리, 기어오르는 무리 / 환경질점수: 2 / 보이는 곳: 정수역(논, 연못, 저수지) / 관리현황: 국외반출승인대상생물자원

두 딱지날개가 접하는 중앙선을 중심으로 짙은 세로 줄무늬가 4~5개 있다.

머리 뒤쪽에 세로 줄무늬가 1쌍 있다.

알물방개

크기: 5mm 내외 / 먹는 방법: 잡아먹는 무리 / 행동: 헤엄치는 무리, 잠수하는 무리, 기어오르는 무리 / 환경질
점수: 2 / 보이는 곳: 유수역(평지하천, 강), 정수역(논, 연못, 저수지) / 관리현황: 국외반출승인대상생물자원

딱지날개에 검은색
얼룩무늬가 있다.

겹눈 사이에 검은색
점무늬가 1쌍 있다.

모래무지물방개

크기: 10mm 내외 / 먹는 방법: 잡아먹는 무리 / 행동: 헤엄치는 무리, 잠수하는 무리 / 환경질점
수: 2 / 보이는 곳: 유수역(평지하천, 강), 정수역(논, 연못, 저수지)

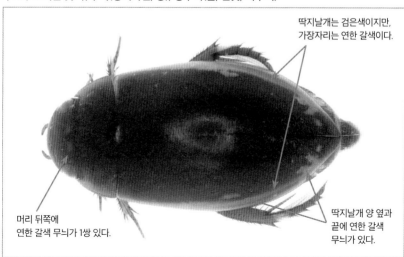

딱지날개는 검은색이지만,
가장자리는 연한 갈색이다.

머리 뒤쪽에
연한 갈색 무늬가 1쌍 있다.

딱지날개 양 옆과
끝에 연한 갈색
무늬가 있다.

깨알물방개

크기: 5㎜ 내외 / 먹는 방법: 잡아먹는 무리 / 행동: 헤엄치는 무리, 잠수하는 무리, 기어오르는 무리 / 환경질점수: 2 / 보이는 곳: 유수역(평지하천, 강), 정수역(논, 연못, 저수지)

딱지날개에 불규칙한 얼룩무늬가 있으나, 개체에 따라 다르다.

혹외줄물방개

크기: 5㎜ 내외 / 먹는 방법: 잡아먹는 무리 / 행동: 헤엄치는 무리, 잠수하는 무리, 기어오르는 무리 / 환경질점수: 2 / 보이는 곳: 유수역(평지하천, 강), 정수역(논, 연못, 저수지)

앞가슴 뒤쪽에 무늬가 1쌍 있다.

딱지날개 끝부분에 작은 돌기가 1쌍 있다.

딱지날개에 세로 줄무늬가 6~7개 있는데, 부분적으로는 점무늬도 나타난다.

노랑무늬물방개

크기: 4mm 내외 / 먹는 방법: 잡아먹는 무리 / 행동: 헤엄치는 무리, 기어오르는 무리 / 환경질점 수: 2 / 보이는 곳: 유수역(계류, 평지하천)

앞가슴에 양 옆 가장자리와 이어지는 노란색 가로무늬가 있다.

딱지날개에 노란색 점무늬 (2-2-1-1 배열)가 6쌍 있다.

노랑테콩알물방개

크기: 8mm 내외 / 먹는 방법: 잡아먹는 무리 / 행동: 헤엄치는 무리, 기어오르는 무리 / 환경질점 수: 2 / 보이는 곳: 유수역(평지하천, 강), 정수역(저수지)

앞가슴 윗면의 양 옆 가장자리는 노란색이다.

딱지날개의 양 옆 가장자리를 따라 노란색 테두리가 있다.

애기물방개

크기: 12㎜ 내외 / 먹는 방법: 잡아먹는 무리 / 행동: 헤엄치는 무리, 잠수하는 무리 / 환경질점 수: 2 / 보이는 곳: 유수역(평지하천, 강), 정수역(논, 연못, 저수지)

앞가슴 가운데에 검은색 가로무늬가 있다.

딱지날개에는 과립 모양 얼룩이 많으며, 가운데에 점각열이 2쌍 있다.

노랑띠물방개

크기: 3㎜ 내외 / 먹는 방법: 잡아먹는 무리 / 행동: 헤엄치는 무리, 기어오르는 무리 / 환경질점 수: 2 / 보이는 곳: 정수역(논, 연못, 저수지)

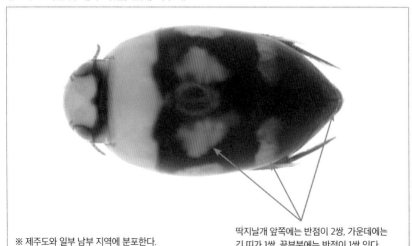

※ 제주도와 일부 남부 지역에 분포한다.

딱지날개 앞쪽에는 반점이 2쌍, 가운데에는 긴 띠가 1쌍, 끝부분에는 반점이 1쌍 있다.

자색물방개

크기: 4mm 내외 / 먹는 방법: 잡아먹는 무리 / 행동: 헤엄치는 무리, 기어오르는 무리 / 환경질점수: 2 / 보이는 곳: 유수역(평지하천, 강), 정수역(논, 연못, 저수지) / 관리현황: 국외반출승인대상생물자원

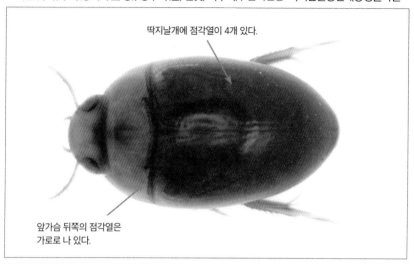

딱지날개에 점각열이 4개 있다.

앞가슴 뒤쪽의 점각열은
가로로 나 있다.

왕물맴이

크기: 10mm 내외 / 먹는 방법: 잡아먹는 무리 / 행동: 헤엄치는 무리, 잠수하는 무리 / 환경질점수: 3 / 보이는 곳: 유수역(계류), 정수역(논, 연못, 저수지) / 관리현황: 국외반출승인대상생물자원

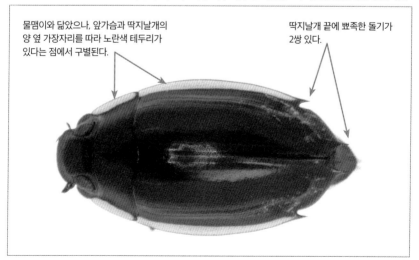

물맴이와 닮았으나, 앞가슴과 딱지날개의
양 옆 가장자리를 따라 노란색 테두리가
있다는 점에서 구별된다.

딱지날개 끝에 뾰족한 돌기가
2쌍 있다.

물맴이

크기: 8mm 내외 / 먹는 방법: 잡아먹는 무리 / 행동: 헤엄치는 무리, 잠수하는 무리 / 환경질점수: 3 / 보이는 곳: 유수역(계류, 평지하천), 정수역(논, 연못, 저수지)

딱지날개에 점각열이 11개 있으며, 그 끝은 둥글다.

중국물진드기

크기: 4mm 내외 / 먹는 방법: 썰어먹는 무리, 잡아먹는 무리 / 행동: 붙는 무리, 헤엄치는 무리, 기어오르는 무리 / 환경질점수: 2 / 보이는 곳: 유수역(평지하천, 강), 정수역(논, 연못, 저수지)

딱지날개에 검은색 점각이 많으며, 점각이 서로 연결된 검은색 반점이 여러 쌍 있다.

겹눈 뒤쪽에 점무늬가 1쌍 있다.

알물땡땡이

크기: 4㎜ 내외 / 먹는 방법: 주워먹는 무리 / 행동: 헤엄치는 무리, 잠수하는 무리 / 환경질점수: 2 / 보이는 곳: 유수역(평지하천, 강), 정수역(논, 연못, 저수지)

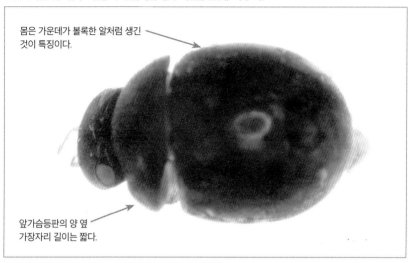

몸은 가운데가 볼록한 알처럼 생긴 것이 특징이다.

앞가슴등판의 양 옆 가장자리 길이는 짧다.

뒷가시물땡땡이

크기: 4㎜ 내외 / 먹는 방법: 썰어먹는 무리, 주워먹는 무리 / 행동: 헤엄치는 무리, 잠수하는 무리, 기어오르는 무리 / 환경질점수: 2 / 보이는 곳: 유수역(평지하천, 강), 정수역(논, 연못, 저수지)

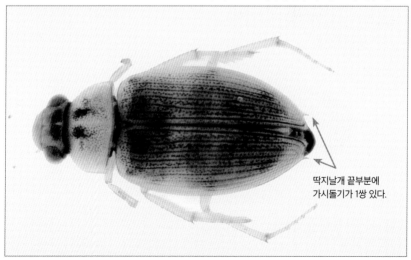

딱지날개 끝부분에 가시돌기가 1쌍 있다.

좀물땡땡이

크기: 4㎜ 내외 / 먹는 방법: 주워먹는 무리 / 행동: 헤엄치는 무리, 잠수하는 무리, 기어오르는 무리 / 환경질점수: 2 / 보이는 곳: 유수역(평지하천, 강), 정수역(논, 연못, 저수지)

머리는 검다.

딱지날개에 홈줄이 10개 있으며,
그 사이에는 작은 점각이 조밀하다.

투구물땡땡이

크기: 5㎜ 내외 / 먹는 방법: 주워먹는 무리 / 행동: 헤엄치는 무리, 잠수하는 무리, 기어오르는 무리 / 환경질점수: 없음 / 보이는 곳: 유수역(평지하천, 강), 정수역(논, 연못, 저수지)

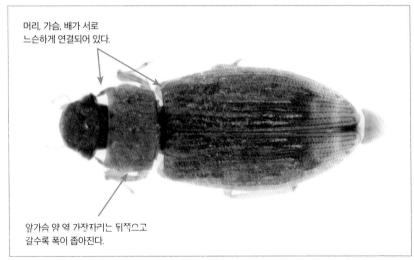

머리, 가슴, 배가 서로
느슨하게 연결되어 있다.

앞가슴 양 옆 가장자리는 뒤쪽으고
갈수록 폭이 좁아진다.

잔물땡땡이

크기: 20㎜ 내외 / 먹는 방법: 주워먹는 무리 / 행동: 헤엄치는 무리, 잠수하는 무리, 기어오르는 무리 / 환경질점수: 2 / 보이는 곳: 유수역(평지하천, 강), 정수역(논, 연못, 저수지)

작은턱수염 제3마디는 제4마디보다 길다.

뒷가슴배판돌기의 끝은 뒷다리밑마디에 이른다.

물땡땡이

크기: 40㎜ 내외 / 먹는 방법: 주워먹는 무리, 잡아먹는 무리 / 행동: 헤엄치는 무리, 잠수하는 무리, 기어오르는 무리 / 환경질점수: 2 / 보이는 곳: 유수역(평지하천, 강), 정수역(논, 연못, 저수지) / 관리현황: 국외반출승인대상생물자원

딱지날개 윗면에 점각열이 4개 있다.

몸은 타원형이며 짙은 갈색에 광택이 있다.

애물땡땡이

크기: 10㎜ 내외 / 먹는 방법: 주워먹는 무리 / 행동: 헤엄치는 무리, 잠수하는 무리, 기어오르는 무리 / 환경질점수: 2 / 보이는 곳: 유수역(평지하천, 강), 정수역(논, 연못, 저수지)

작은턱수염 제4마디는
제3마디보다 길다.

뒷가슴배판돌기는 그 끝이
뒷다리밑마디를 지난다.

알꽃벼룩류

크기: 5㎜ 내외 / 먹는 방법: 썰어먹는 무리, 긁어먹는 무리, 주워먹는 무리 / 행동: 기는 무리, 기어오르는 무리 / 환경질점수: 2 / 보이는 곳: 유수역(계류, 평지하천), 정수역(논, 연못, 저수지)

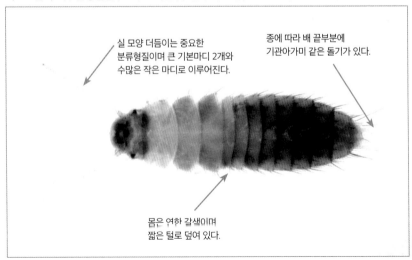

실 모양 더듬이는 중요한
분류형질이며 큰 기본마디 2개와
수많은 작은 마디로 이루어진다.

종에 따라 배 끝부분에
기관아가미 같은 돌기가 있다.

몸은 여한 갈색이며
짧은 털로 덮여 있다.

긴다리여울벌레

딱정벌레 무리
여울벌레과

크기: 3mm 내외 / 먹는 방법: 긁어먹는 무리, 주워먹는 무리 / 행동: 붙는 무리 / 환경질점수: 4 /
보이는 곳: 유수역(계류, 평지하천, 강)

더듬이는 11마디로
이루어져 있다.

다리는 길고 견고하며, 발목마디
중에서 제5마디의 길이가 나머지
마디를 합한 것보다 길거나 비슷하다.

여울벌레류

딱정벌레 무리
여울벌레과

크기: 2~10mm / 먹는 방법: 긁어먹는 무리, 주워먹는 무리 / 행동: 붙는 무리 / 환경질점수: 없음 /
보이는 곳: 유수역(계류, 평지하천, 강)

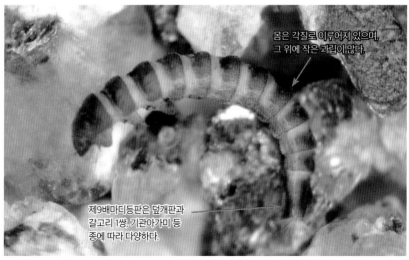

몸은 각질로 이루어져 있으며,
그 위에 작은 과립이 많다.

제9배마디등판은 덮개판과
갈고리 1쌍, 기관아가미 등
종에 따라 다양하다.

둥근물삿갓벌레 KUa

크기: 10㎜ 내외 / 먹는 방법: 긁어먹는 무리 / 행동: 붙는 무리 / 환경질점수: 4 / 보이는 곳: 유수역(계류, 평지하천, 강)

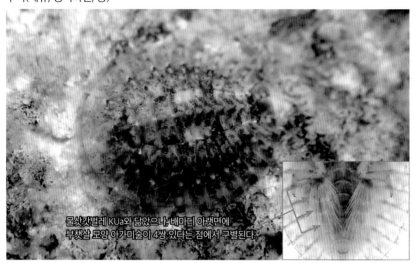

물삿갓벌레 KUa와 닮았으나, 배마디 아랫면에 부챗살 모양 아가미술이 4쌍 있다는 점에서 구별된다.

물삿갓벌레 KUa

크기: 10㎜ 내외 / 먹는 방법: 긁어먹는 무리 / 행동: 붙는 무리 / 환경질점수: 3 / 보이는 곳: 유수역(계류, 평지하천, 강)

둥근물삿갓벌레 KUa와 닮았으나, 배마디 아랫면에 나뭇가지 모양 아가미술이 6쌍 있다는 점에서 구별된다.

개울물삿갓벌레 KUa

크기: 5mm 내외 / 먹는 방법: 긁어먹는 무리 / 행동: 붙는 무리 / 환경질점수: 4 / 보이는 곳: 유수역(계류, 평지하천, 강)

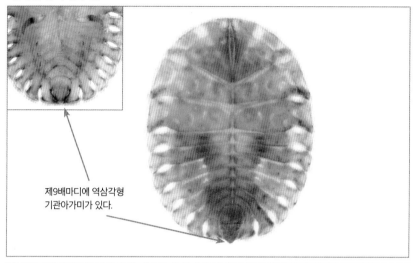

제9배마디에 역삼각형 기관아가미가 있다.

애반딧불이

크기: 25mm 내외 / 먹는 방법: 잡아먹는 무리 / 행동: 기는 무리, 붙는 무리, 기어오르는 무리 / 환경질점수: 없음 / 보이는 곳: 유수역(계류, 평지하천), 정수역(논, 연못) / 관리현황: 국외반출승인대상생물자원

가슴과 배 윗면은 각각 커다란 경판으로 덮여 있다.

제1~8배마디에 막대기 모양 기관아가미가 1쌍씩 있다.

앞가슴 윗면 가운데에 검은색 세로 줄무늬가 있다.

일본잎벌레

크기: 5mm 내외 / 먹는 방법: 썰어먹는 무리 / 행동: 기는 무리 / 환경질점수: 2 / 보이는 곳: 유수역(평지하천, 강), 정수역(논, 연못, 저수지)

앞가슴등판은 나머지 가슴에 비해 딱딱하다.

다리는 짧고 굵다.

성충

명주각다귀 KUa

크기: 5mm 내외 / 먹는 방법: 주워먹는 무리 / 행동: 붙는 무리 / 환경질점수: 4 / 보이는 곳: 유수역(계류, 평지하천, 강)

제2~7배마디 윗면과 아랫면에 융기대가 6쌍씩 있다.

항문아가미는 길게 뻗었다.

애기각다귀 KUa

크기: 10㎜ 내외 / 먹는 방법: 잡아먹는 무리 / 행동: 붙는 무리 / 환경질점수: 4 / 보이는 곳: 유수역(계류, 평지하천)

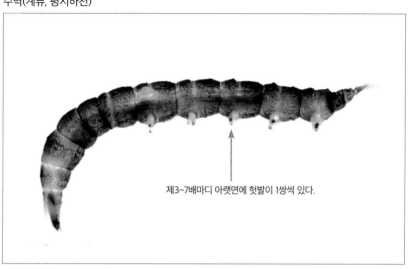

제3~7배마디 아랫면에 헛발이 1쌍씩 있다.

검정날개각다귀 KUa

크기: 20㎜ 내외 / 먹는 방법: 잡아먹는 무리 / 행동: 기는 무리, 붙는 무리, 굴파는 무리 / 환경질점수: 3 / 보이는 곳: 유수역(계류, 평지하천)

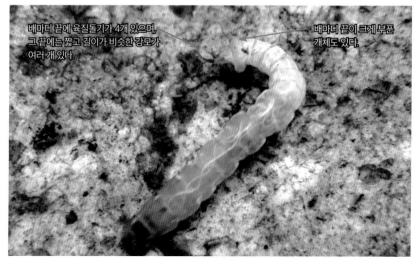

배마디 끝에 육질돌기가 4개 있으며, 그 끝에는 짧고 길이가 비슷한 강모가 여러 개 있다.

배마디 끝이 크게 부푼 개체도 있다.

장수각다귀 KUa

파리 무리
각다귀과

크기: 10mm 내외 / 먹는 방법: 잡아먹는 무리 / 행동: 굴파는 무리 / 환경질점수: 4 / 보이는 곳: 유수역(계류, 평지하천)

배마디 끝에 긴 돌기가 2개 있다.

배마디 아랫면에 헛발이 3쌍 있다.

애아이노각다귀

파리 무리
각다귀과

크기: 25mm 내외 / 먹는 방법: 썰어먹는 무리, 주워먹는 무리 / 행동: 기는 무리, 굴파는 무리 / 환경질점수: 3 / 보이는 곳: 유수역(계류, 평지하천, 강), 정수역(저수지)

각 배마디 윗면에 단춧구멍 같은 점무늬가 3쌍 있다.

호흡반에는 육질돌기가 6개 있으며, 그 가장자리를 따라 짧은 강모가 열을 이룬다.

각다귀 KUa

크기: 60mm 내외 / 먹는 방법: 썰어먹는 무리, 주워먹는 무리 / 행동: 기는 무리, 굴파는 무리 / 환경질점수: 3 / 보이는 곳: 유수역(계류, 평지하천)

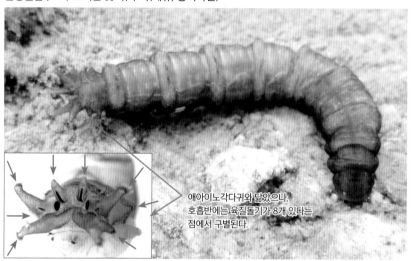

애아이노각다귀와 닮았으나, 호흡반에는 육질돌기가 8개 있다는 점에서 구별된다.

나방파리 KUa

크기: 5mm 내외 / 먹는 방법: 주워먹는 무리 / 행동: 굴파는 무리 / 환경질점수: 2 / 보이는 곳: 유수역(평지하천, 강), 정수역(논, 연못, 저수지)

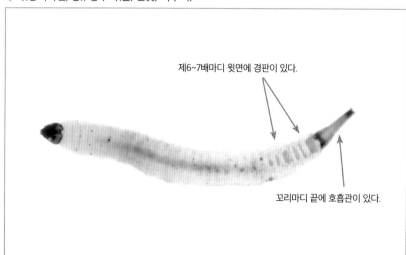

제6~7배마디 윗면에 경판이 있다.

꼬리마디 끝에 호흡관이 있다.

별모기 KUa

크기: 8mm 내외 / 먹는 방법: 주워먹는 무리 / 행동: 헤엄치는 무리, 기어오르는 무리 / 환경질점
수: 4 / 보이는 곳: 유수역(평지하천), 정수역(연못, 저수지)

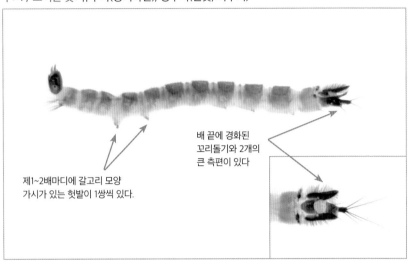

배 끝에 경화된
꼬리돌기와 2개의
큰 측편이 있다

제1~2배마디에 갈고리 모양
가시가 있는 헛발이 1쌍씩 있다.

털모기 KUa

크기: 5mm 내외 / 먹는 방법: 잡아먹는 무리 / 행동: 기는 무리(낮), 부유하는 무리(밤) / 환경질점
수: 2 / 보이는 곳: 유수역(평지하천, 강), 정수역(연못, 저수지)

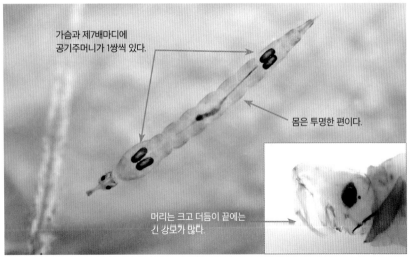

가슴과 제7배마디에
공기주머니가 1쌍씩 있다.

몸은 투명한 편이다.

머리는 크고 더듬이 끝에는
긴 강모가 많다.

먹파리류

크기: 5㎜ 내외 / 먹는 방법: 걸러먹는 무리 / 행동: 기는 무리, 붙는 무리 / 환경질점수: 4 / 보이는 곳: 유수역(계류, 평지하천, 강)

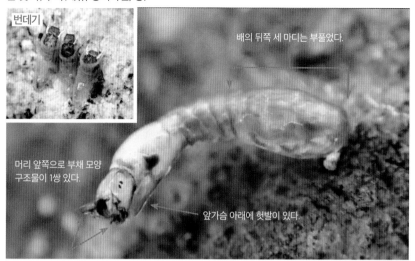

번데기

배의 뒤쪽 세 마디는 부풀었다.

머리 앞쪽으로 부채 모양
구조물이 1쌍 있다.

앞가슴 아래에 헛발이 있다.

등에모기류

크기: 10㎜ 내외 / 먹는 방법: 주워먹는 무리, 잡아먹는 무리 / 행동: 기는 무리, 굴파는 무리 / 환경질점수: 3 / 보이는 곳: 유수역(계류, 평지하천, 강), 정수역(연못, 저수지)

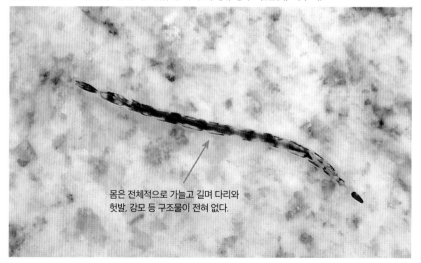

몸은 전체적으로 가늘고 길며 다리와
헛발, 강모 등 구조물이 전혀 없다.

깔따구류

크기: 종에 따라 다양 / 먹는 방법: 주워먹는 무리, 걸러먹는 무리, 잡아먹는 무리 / 행동: 기는 무리, 굴파는 무리 / 환경질점수: 없음 / 보이는 곳: 거의 모든 수역에 서식

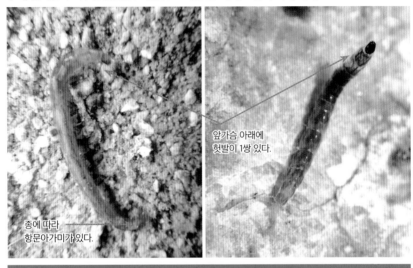

앞가슴 아래에
헛발이 1쌍 있다.

종에 따라
항문아가미가 있다.

물멧모기 KUa

크기: 10㎜ 내외 / 먹는 방법: 긁어먹는 무리 / 행동: 붙는 무리 / 환경질점수: 4 / 보이는 곳: 유수역(계류, 평지하천)

번데기

멧모기 KUa와 닮았으나, 각 몸마디 윗면에
등가시가 없으며 작은 강모가 열을 이룬다는
점에서 구별된다.

각 몸마디 아랫면에는 흡반이 있다.

멧모기 KUa

크기: 7㎜ 내외 / 먹는 방법: 긁어먹는 무리 / 행동: 붙는 무리 / 환경질점수: 4 / 보이는 곳: 유수
역(계류, 평지하천)

물멧모기 KUa와 닮았으나, 각 몸마디 윗면에
등가시(가운데 4개, 양 옆 각 1개)가 6개 있다는
점에서 구별된다.

각 몸마디 아랫면에는 흡반이 있다.

개울등에 KUa

크기: 15㎜ 내외 / 먹는 방법: 잡아먹는 무리 / 행동: 기는 무리, 굴파는 무리 / 환경질점수: 4 / 보
이는 곳: 유수역(계류, 평지하천)

몸마디 사이에는
연한 녹색 띠가 있다.

제1~8배마디 윗면과 옆면에 가늘고
짧은 육질돌기가 1쌍씩 있다.

제1~8배마디 아랫면에
헛다리가 1쌍씩 있다.

긴개울등에 KUb

크기: 10mm 내외 / 먹는 방법: 잡아먹는 무리 / 행동: 기는 무리, 굴파는 무리 / 환경질점수: 4 /
보이는 곳: 유수역(계류, 평지하천)

제1~8배마디 아랫면에
헛다리가 1쌍씩 있다.

제2~7배마디 윗면과 옆면에
육질돌기가 있고, 윗돌기의 길이는
옆돌기와 비슷하다.

줄동애등에 KUa

크기: 35mm 내외 / 먹는 방법: 주워먹는 무리, 잡아먹는 무리 / 행동: 기는 무리, 굴파는 무리 / 환
경질점수: 2 / 보이는 곳: 유수역(평지하천, 강), 정수역(논, 연못, 저수지)

배 끝에는 기문이 있고
그 위에 강모가 많다.

몸은 납작하고 긴 방추형이며
폭은 뒤로 갈수록 좁아지고,
윗면에는 탄산칼슘 축적물이 있어
오톨도톨하다.

춤파리류

크기: 5㎜ 내외 / 먹는 방법: 주워먹는 무리, 잡아먹는 무리 / 행동: 기는 무리, 굴파는 무리 / 환경질점수: 3 / 보이는 곳: 유수역(계류, 평지하천), 정수역(저수지)

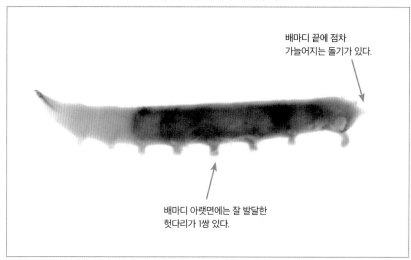

배마디 끝에 점차 가늘어지는 돌기가 있다.

배마디 아랫면에는 잘 발달한 헛다리가 1쌍 있다.

여린황등에

크기: 25㎜ 내외 / 먹는 방법: 잡아먹는 무리 / 행동: 기는 무리, 굴파는 무리 / 환경질점수: 없음 / 보이는 곳: 유수역(계류, 평지하천)

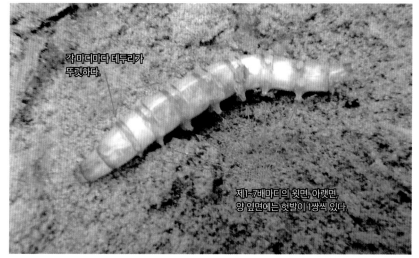

각 마디마다 테두리가 뚜렷하다.

제1~7배마디의 윗면, 아랫면, 양 옆면에는 헛발이 1쌍씩 있다.

흰줄꽃등에 KUa

크기: 20mm 내외 / 먹는 방법: 주워먹는 무리 / 행동: 굴파는 무리 / 환경질점수: 1 / 보이는 곳: 유수역(평지하천, 강), 정수역(논, 연못, 저수지)

배 끝에는 몸길이의 2~4배에 이르는 긴 호흡관이 있다.

물가파리류

크기: 8mm 내외 / 먹는 방법: 썰어먹는 무리, 주워먹는 무리, 잡아먹는 무리 / 행동: 기는 무리, 굴파는 무리 / 환경질점수: 2 / 보이는 곳: 유수역(평지하천, 강, 하구), 정수역(논, 연못, 저수지)

배마디 끝에 호흡관이 1쌍 있다.

숲모기류

크기: 10㎜ 내외 / 먹는 방법: 주워먹는 무리, 걸러먹는 무리 / 행동: 헤엄치는 무리 / 환경질점수: 없음 / 보이는 곳: 유수역(계류), 정수역(산지습지)

제8배마디 끝에 숨관이 있다.

숨관 옆면에 숨관털이 1쌍 있다.

얼룩날개모기류

크기: 10㎜ 내외 / 먹는 방법: 걸러먹는 무리 / 행동: 헤엄치는 무리 / 환경질점수: 없음 / 보이는 곳: 유수역(평지하천, 강), 정수역(논, 연못, 저수지)

몸 윗면에 손바닥 모양 극모가 있다.

배마디 끝에 숨관이 없다.

집모기류

크기: 10㎜ 내외 / 먹는 방법: 걸러먹는 무리 / 행동: 헤엄치는 무리 / 환경질점수: 1 / 보이는 곳: 유수역(평지하천, 강), 정수역(논, 연못, 저수지)

숨관 옆면에는 숨관털이 3쌍 이상 있다.

제8배마디 끝에 가늘고 긴 숨관이 있다.

주름물날도래

크기: 20㎜ 내외 / 먹는 방법: 잡아먹는 무리 / 행동: 붙는 무리 / 환경질점수: 4 / 보이는 곳: 유수역(계류) / 관리현황: 국외반출승인대상생물자원

제1~8배마디에 분지된 다발 모양 기관아가미가 있다.

머리에 V자 무늬가 있다.

넓은머리물날도래

크기: 20㎜ 내외 / 먹는 방법: 잡아먹는 무리 / 행동: 붙는 무리 / 환경질점수: 4 / 보이는 곳: 유수역(계류, 평지하천)

머리 윗면에 좌우대칭인 갈색 점무늬가 세로열을 이룬다.

꼬리다리에 덧발톱이 없으며, 고리발톱 안쪽에 이빨이 없다.

앞다리는 나머지 다리에 비해 두껍다.

크레멘스물날도래

크기: 15㎜ 내외 / 먹는 방법: 잡아먹는 무리 / 행동: 붙는 무리 / 환경질점수: 4 / 보이는 곳: 유수역(계류)

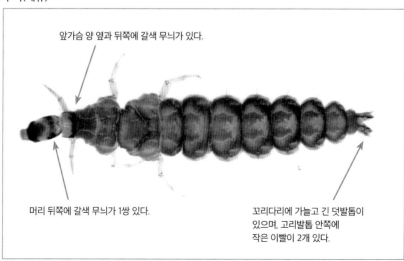

앞가슴 양 옆과 뒤쪽에 갈색 무늬가 있다.

머리 뒤쪽에 갈색 무늬가 1쌍 있다.

꼬리다리에 가늘고 긴 덧발톱이 있으며, 고리발톱 안쪽에 작은 이빨이 2개 있다.

물날도래 KUa

크기: 30mm 내외 / 먹는 방법: 잡아먹는 무리 / 행동: 붙는 무리 / 환경질점수: 4 / 보이는 곳: 유수역(계류, 평지하천)

앞다리는 나머지 다리에 비해 두꺼우며, 넓적다리마디와 종아리마디 안쪽에 강한 돌기가 있다.

꼬리다리에 작은 덧발톱이 있으며, 고리발톱 안쪽에 큰 이빨 1개와 작은 이빨 1~2개가 있다.

거친물날도래

크기: 20mm 내외 / 먹는 방법: 잡아먹는 무리 / 행동: 붙는 무리 / 환경질점수: 4 / 보이는 곳: 유수역(계류)

꼬리다리에 가늘고 긴 덧발톱이 있으며, 고리발톱 안쪽에 작은 이빨이 4개 있다.

가슴과 배마디 앞과 뒤 가장자리에 짙은 테두리가 있다.

머리에는 굵은 V자 줄무늬가 뚜렷하다.

무늬물날도래

크기: 15㎜ 내외 / 먹는 방법: 잡아먹는 무리 / 행동: 붙는 무리 / 환경질점수: 4 / 보이는 곳: 유수역(계류, 평지하천)

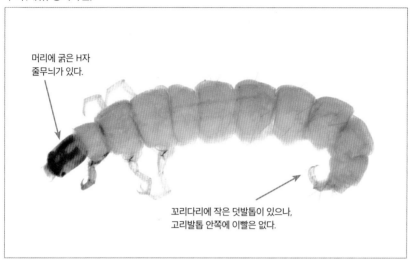

머리에 굵은 H자 줄무늬가 있다.

꼬리다리에 작은 덧발톱이 있으나, 고리발톱 안쪽에 이빨은 없다.

검은머리물날도래

크기: 20㎜ 내외 / 먹는 방법: 잡아먹는 무리 / 행동: 붙는 무리 / 환경질점수: 4 / 보이는 곳: 유수역(계류, 평지하천)

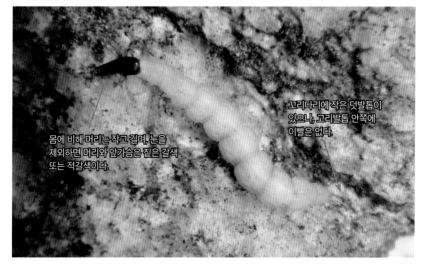

꼬리다리에 작은 덧발톱이 있으나, 고리발톱 안쪽에 이빨은 없다.

몸에 비해 머리는 작고 길며, 눈을 제외하면 머리와 앞가슴은 짙은 갈색 또는 적갈색이다.

용수물날도래

크기: 15mm 내외 / 먹는 방법: 잡아먹는 무리 / 행동: 붙는 무리 / 환경질점수: 4 / 보이는 곳: 유수역(계류, 평지하천)

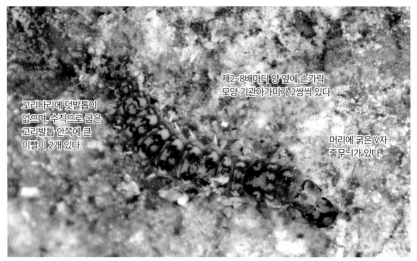

제2~8배마디 양 옆에 손가락 모양 기관아가미가 2쌍씩 있다.

꼬리다리에 덧발톱이 없으며, 수직으로 굽은 고리발톱 안쪽에 큰 이빨이 2개 있다.

머리에 굵은 V자 줄무늬가 있다.

곤봉물날도래

크기: 10㎜ 내외 / 먹는 방법: 잡아먹는 무리 / 행동: 붙는 무리 / 환경질점수: 4 / 보이는 곳: 유수역(계류, 평지하천, 강)

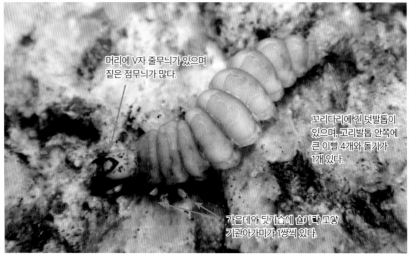

머리에 V자 줄무늬가 있으며 짙은 점무늬가 많다.

꼬리다리에 긴 덧발톱이 있으며, 고리발톱 안쪽에 큰 이빨 4개와 돌기가 1개씩 있다.

가운데아 뒷가슴에 손기락 고상 기관아가미가 1쌍씩 있다.

애날도래 KUa

크기: 3㎜ 내외 / 먹는 방법: 긁어먹는 무리 / 행동: 붙는 무리 / 환경질점수: 3 / 보이는 곳: 유수역(평지하천, 강), 정수역(저수지)

각 가슴은 경판으로 덮여 있다.

배는 몸에 비해 크게 부풀었으며, 가는 모래를 이용해 납작한 지갑 모양 집을 짓는다.

긴발톱물날도래 KUa

크기: 15㎜ 내외 / 먹는 방법: 잡아먹는 무리 / 행동: 붙는 무리 / 환경질점수: 4 / 보이는 곳: 유수역(계류, 평지하천)

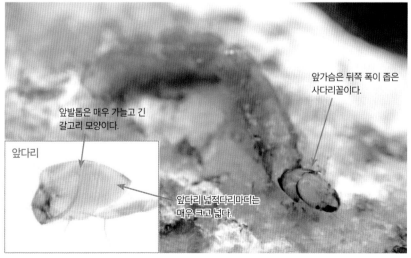

앞가슴은 뒤쪽 폭이 좁은 사다리꼴이다.

앞발톱은 매우 가늘고 긴 갈고리 모양이다.

앞다리

앞다리 넓적다리마디는 매우 크고 넓다.

195

광택날도래 KUa

크기: 10㎜ 내외 / 먹는 방법: 긁어먹는 무리 / 행동: 붙는 무리 / 환경질점수: 4 / 보이는 곳: 유수역(계류, 평지하천, 강)

작은 돌을 이용해 위로 볼록한 돔 모양 집을 짓는다.

앞가슴 윗면만 경판으로 덮여 있다.

앞가슴은 앞쪽에서 1/3 정도의 폭이 가장 넓다.

넓은입술날도래 KUa

크기: 15㎜ 내외 / 먹는 방법: 걸러먹는 무리 / 행동: 붙는 무리 / 환경질점수: 4 / 보이는 곳: 유수역(계류)

윗입술은 막질이며 양 옆으로 긴 T자 모양이지만, 명확하지 않은 개체가 많다.

입술날도래 KUa와 닮았으나, 앞도래마디가 손가락 모양으로 길게 튀어나왔다는 점에서 구별된다.

입술날도래 KUa

날도래 무리
입술날도래과

크기: 15mm 내외 / 먹는 방법: 걸러먹는 무리 / 행동: 붙는 무리 / 환경질점수: 4 / 보이는 곳: 유수역(계류)

윗입술은 막질이며 양 옆으로 긴 T자 모양이지만, 명확하지 않은 개체가 많다.

넓은입술날도래 KUa와 닮았으나, 앞도래마디가 매우 작고 짧다는 점에서 구별된다.

연날개수염치레각날도래

날도래 무리
각날도래과

크기: 40mm 내외 / 먹는 방법: 걸러먹는 무리 / 행동: 붙는 무리 / 환경질점수: 4 / 보이는 곳: 유수역(계류, 평지하천) / 관리현황: 국외반출승인대상생물자원

배기저돌기   등기저돌기

각날도래류와 닮았으나, 앞다리의 등기저돌기와 배기저돌기는 모두 짧고 길이가 비슷하다는 점에서 구별된다.

각날도래류(국명 미정)

크기: 40㎜ 내외 / 먹는 방법: 걸러먹는 무리 / 행동: 붙는 무리 / 환경질점수: 4 / 보이는 곳: 유수역(계류, 평지하천)

연날개수염치레각날도래와 닮았으나,
앞다리의 등키저돌기가 배기저돌기에 비해
뚜렷이 크고 길다는 점에서 구별된다.

곰줄날도래

크기: 25㎜ 내외 / 먹는 방법: 걸러먹는 무리 / 행동: 붙는 무리 / 환경질점수: 4 / 보이는 곳: 유수역(계류)

나뭇잎 등 식물질 조각을
붙여 집을 짓는다.

머리 윗면에는
굵은 줄무늬가 있다.

꼬마줄날도래

크기: 10㎜ 내외 / 먹는 방법: 걸러먹는 무리 / 행동: 붙는 무리 / 환경질점수: 3 / 보이는 곳: 유수역(계류, 평지하천, 강)

머리 앞쪽 가운데가 오목하다.

꼬마줄날도래 KUa

크기: 10㎜ 내외 / 먹는 방법: 걸러먹는 무리 / 행동: 붙는 무리 / 환경질점수: 4 / 보이는 곳: 유수역(평지하천, 강)

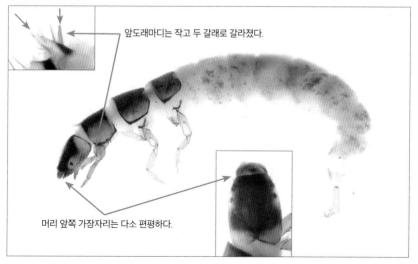

앞도래마디는 작고 두 갈래로 갈라졌다.

머리 앞쪽 가장자리는 다소 편평하다.

꼬마줄날도래 KUb

크기: 10mm 내외 / 먹는 방법: 걸러먹는 무리 / 행동: 붙는 무리 / 환경질점수: 4 / 보이는 곳: 유수역(평지하천, 강)

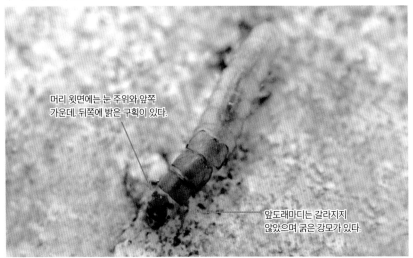

머리 윗면에는 눈 주위와 앞쪽 가운데, 뒤쪽에 밝은 구획이 있다.

앞도래마디는 갈라지지 않았으며 굵은 강모가 있다.

산골줄날도래

크기: 15mm 내외 / 먹는 방법: 걸러먹는 무리 / 행동: 붙는 무리 / 환경질점수: 4 / 보이는 곳: 유수역(계류)

몸 전체가 짧은 강모로 덮여 있다.

머리는 왼쪽이 뾰족하게 튀어나온 비대칭이다.

※ 최근 연구에서 산골줄날도래 KUa(*Diplectrona* KUa)의 종명이 확인되었다.

줄날도래

크기: 15㎜ 내외 / 먹는 방법: 걸러먹는 무리 / 행동: 붙는 무리 / 환경질점수: 4 / 보이는 곳: 유수역(계류, 평지하천, 강)

머리 윗면 이마방패선 안쪽에
뚜렷하게 밝은 무늬가 5개 있다.

동양줄날도래

크기: 15㎜ 내외 / 먹는 방법: 걸러먹는 무리 / 행동: 붙는 무리 / 환경질점수: 4 / 보이는 곳: 유수역(계류, 평지하천)

머리는 어두운 갈색이며
윗면에 무늬가 없다.

흰점줄날도래

크기: 15㎜ 내외 / 먹는 방법: 걸러먹는 무리 / 행동: 붙는 무리 / 환경질점수: 4 / 보이는 곳: 유수역(평지하천, 강)

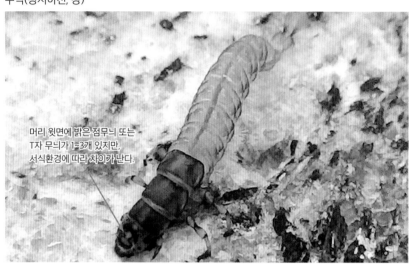

머리 윗면에 밝은 점무늬 또는
T자 무늬가 1~3개 있지만,
서식환경에 따라 차이가 난다.

줄날도래 KD

크기: 15㎜ 내외 / 먹는 방법: 걸러먹는 무리 / 행동: 붙는 무리 / 환경질점수: 4 / 보이는 곳: 유수역(평지하천, 강)

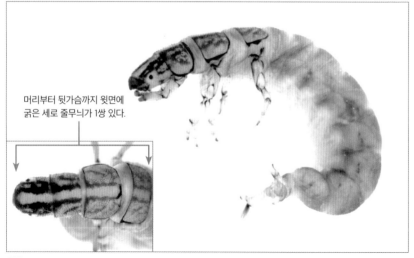

머리부터 뒷가슴까지 윗면에
굵은 세로 줄무늬가 1쌍 있다.

큰줄날도래

크기: 20㎜ 내외 / 먹는 방법: 걸러먹는 무리 / 행동: 붙는 무리 / 환경질점수: 3 / 보이는 곳: 유수역(평지하천, 강)

머리는 앞쪽으로 비스듬한 납작한 말굽 모양이다.

깃날도래 KUa

크기: 15㎜ 내외 / 먹는 방법: 걸러먹는 무리, 잡아먹는 무리 / 행동: 붙는 무리 / 환경질점수: 3 / 보이는 곳: 유수역(계류, 평지하천)

머리 윗면에 점무늬가 많다.

앞도래마디 끝은 길고 뾰족하다.

별날도래

크기: 8mm 내외 / 먹는 방법: 걸러먹는 무리 / 행동: 붙는 무리 / 환경질점수: 2 / 보이는 곳: 유수역(평지하천, 강), 정수역(저수지)

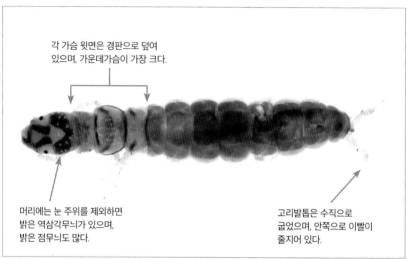

각 가슴 윗면은 경판으로 덮여 있으며, 가운데가슴이 가장 크다.

머리에는 눈 주위를 제외하면 밝은 역삼각무늬가 있으며, 밝은 점무늬도 많다.

고리발톱은 수직으로 굽었으며, 안쪽으로 이빨이 줄지어 있다.

통날도래 KUa

크기: 7mm 내외 / 먹는 방법: 긁어먹는 무리, 주워먹는 무리 / 행동: 붙는 무리 / 환경질점수: 4 / 보이는 곳: 유수역(평지하천, 강)

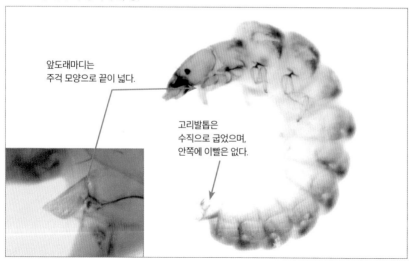

앞도래마디는 주걱 모양으로 끝이 넓다.

고리발톱은 수직으로 굽었으며, 안쪽에 이빨은 없다.

굴뚝날도래

크기: 45㎜ 내외 / 먹는 방법: 썰어먹는 무리, 잡아먹는 무리 / 행동: 기는 무리, 기어오르는 무리 / 환경질점수: 3 / 보이는 곳: 유수역(계류), 정수역(산지습지) / 관리현황: 국외반출승인대상생물자원

머리 가운데에 세로 줄무늬가 3개, 양 옆에 줄무늬가 1쌍 있다.

나뭇잎을 직사각형으로 잘라 붙여 긴 원통형 집을 짓는다.

가운데가슴 윗면 가운데에 작은 경판이 있으며, 그 위에 세로 줄무늬가 1쌍 있다.

둥근날개날도래

크기: 30㎜ 내외 / 먹는 방법: 썰어먹는 무리, 주워먹는 무리 / 행동: 기어오르는 무리 / 환경질점수: 3 / 보이는 곳: 유수역(계류, 평지하천, 강), 정수역(연못, 저수지) / 관리현황: 국외반출승인대상생물자원

식물질 부스러기와 작은 모래를 이용해 흐물흐물한 집을 짓는다.

눈 주위를 제외하면 머리와 앞가슴, 가운데가슴은 갈색이며 무늬가 없다.

둥근얼굴날도래

크기: 5mm 내외 / 먹는 방법: 썰어먹는 무리, 주워먹는 무리 / 행동: 기는 무리, 붙는 무리 / 환경질점수: 3 / 보이는 곳: 유수역(계류, 평지하천)

나무껍질 또는 나뭇잎을 가늘게 말아서 아래가 좁은 원통형 집을 짓는다.

머리는 길이와 폭이 비슷하며 앞쪽이 약간 납작하다.

캄차카우묵날도래

크기: 15mm 내외 / 먹는 방법: 썰어먹는 무리 / 행동: 기는 무리, 기어오르는 무리 / 환경질점수: 없음 / 보이는 곳: 유수역(계류), 정수역(산지습지)

가는 모래, 나뭇잎, 나무줄기로 가늘고 긴 원통형 집을 짓는다.

머리 윗면에 굵은 세로 줄무늬가 1쌍 있으며, 앞가슴과 가운데가슴 양 옆으로도 굵은 줄무늬가 있다.

띠무늬우묵날도래

크기: 35mm 내외 / 먹는 방법: 썰어먹는 무리 / 행동: 기는 무리, 기어오르는 무리 / 환경질점수: 4 / 보이는 곳: 유수역(계류), 정수역(산지습지) / 관리현황: 국외반출승인대상생물자원

나뭇잎, 나무줄기, 모래 등으로 긴 원통형 집을 짓거나 나뭇잎을 포개어 짓는다.

머리와 가슴에 갈색 반점이 많다.

앞가슴과 가운데가슴 윗면은 큰 경판에 덮여 있으며, 뒷가슴에는 작은 경판이 3쌍 있다.

갈색우묵날도래 KUa

크기: 15mm 내외 / 먹는 방법: 썰어먹는 무리, 주워먹는 무리 / 행동: 기는 무리, 기어오르는 무리 / 환경질점수: 4 / 보이는 곳: 유수역(계류, 평지하천), 정수역(저수지) / 관리현황: 국외반출승인대상생물자원

가는 나무줄기, 나뭇잎, 모래로 긴 원통형 집을 짓는다.

머리에는 굵은 세로 줄무늬가 1쌍 있다.

일본가시날도래

크기: 10㎜ 내외 / 먹는 방법: 긁어먹는 무리 / 행동: 붙는 무리 / 환경질점수: 3 / 보이는 곳: 유수역(계류, 평지하천, 강)

모래와 작은 돌로 원통형 집을 만들며 앞쪽 양 옆에 큰 돌을 붙인다.

머리는 각졌으며 편평하다.

앞가슴 앞의 양쪽 가장자리는 뾰족하게 튀어나왔다.

가시우묵날도래

크기: 15㎜ 내외 / 먹는 방법: 긁어먹는 무리 / 행동: 붙는 무리 / 환경질점수: 4 / 보이는 곳: 유수역(계류)

모래와 작은 돌로 원통형 집을 지으며 앞쪽 양 옆에 큰 돌을 붙인다.

앞가슴 앞쪽은 뒤쪽보다 폭이 좁다.

각 다리마디에는 밝은 적갈색 무늬가 있다.

큰애우묵날도래

크기: 8mm 내외 / 먹는 방법: 긁어먹는 무리 / 행동: 기는 무리, 붙는 무리 / 환경질점수: 4 / 보이는 곳: 유수역(계류, 평지하천)

작은 모래로 끝이 좁은 고깔 모양 집을 짓는다.

머리는 역삼각형이며 이마방패선 안쪽과 머리 뒤쪽으로 밝은 무늬가 있다.

네모집날도래 KUb

크기: 10mm 내외 / 먹는 방법: 썰어먹는 무리, 주워먹는 무리 / 행동: 기는 무리, 붙는 무리 / 환경질점수: 3 / 보이는 곳: 유수역(계류, 평지하천)

나뭇잎을 네모로 잘라 사각기둥 집을 짓는다(어린 유충의 집은 가는 모래와 식물질이 혼합된 원통형).

머리에 밝은 점무늬가 많다.

털날도래 KUa

크기: 6㎜ 내외 / 먹는 방법: 썰어먹는 무리 / 행동: 기는 무리 / 환경질점수: 4 / 보이는 곳: 유수역(계류, 평지하천) / 관리현황: 국외반출승인대상생물자원

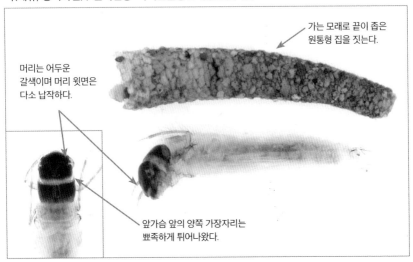

가는 모래로 끝이 좁은 원통형 집을 짓는다.

머리는 어두운 갈색이며 머리 윗면은 다소 납작하다.

앞가슴 앞의 양쪽 가장자리는 뽀족하게 튀어나왔다.

날개날도래

크기: 12㎜ 내외 / 먹는 방법: 긁어먹는 무리, 주워먹는 무리 / 행동: 기는 무리, 붙는 무리 / 환경질점수: 3 / 보이는 곳: 유수역(평지하천, 강), 정수역(연못, 저수지)

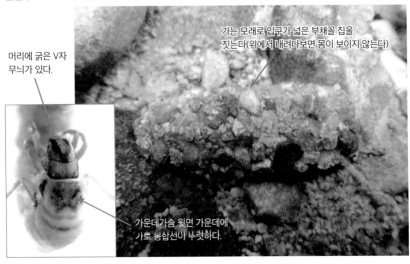

가는 모래로 입구가 넓은 부채꼴 집을 짓는다(위에서 내려다보면 몸이 보이지 않는다).

머리에 굵은 V자 무늬가 있다.

가운데가슴 윗면 가운데에 가로 봉합선이 뚜렷하다.

바수염날도래

크기: 10mm 내외 / 먹는 방법: 긁어먹는 무리, 주워먹는 무리 / 행동: 기는 무리 / 환경질점수: 4 / 보이는 곳: 유수역(계류, 평지하천)

가는 모래로 튼튼하고 매끈한 원통형 집을 짓는다.

머리에 세로 줄무늬가 3개 있다.

앞가슴에 세로 줄무늬가 2쌍, 가운데가슴에는 가로 줄무늬와 연결되는 세로 줄무늬가 2쌍 있다.

채다리날도래류(국명 미정)

크기: 15mm 내외 / 먹는 방법: 썰어먹는 무리 / 행동: 기는 무리 / 환경질점수: 없음 / 보이는 곳: 유수역(계류)

나뭇잎을 타원형으로 잘라 작은 조각 위로 큰 조각을 포개어 납작한 집을 짓는다.

가운데가슴 윗면에는 팔(八)자 모양 점각열이 있다.

머리 이마방패선 안쪽에 뒤집힌 Y자 무늬가 있으며, 탈피선을 따라 V자 무늬가 있다.

211

나비날도래류

크기: 10㎜ 내외 / 먹는 방법: 썰어먹는 무리, 주워먹는 무리 / 행동: 기는 무리, 기어오르는 무리 /
환경질점수: 4 / 보이는 곳: 유수역(평지하천, 강), 정수역(저수지)

뒷다리가 가장 길다.

가는 모래로
끝이 좁은 고깔 모양
집을 짓는다.

가운데가슴 윗면에
역괄호무늬가 있다.

청나비날도래 KUa

크기: 8㎜ 내외 / 먹는 방법: 썰어먹는 무리, 주워먹는 무리 / 행동: 기는 무리, 기어오르는 무리 /
환경질점수: 4 / 보이는 곳: 유수역(계류, 평지하천, 강), 정수역(저수지)

가는 모래와 나무 조각을 섞어 원통형 집을
지으며, 보통 위쪽으로 긴 나무줄기를 붙인다.

가운데가슴 윗면에 역괄호무늬가 없다는
점에서 나비날도래류와 구별된다.

머리, 앞가슴, 가운데가슴
윗면에 짙은 반점이 많다.

뒷다리가 가장 길다.

단발날도래

크기: 20㎜ 내외 / 먹는 방법: 썰어먹는 무리, 주워먹는 무리, 잡아먹는 무리 / 행동: 기는 무리,
기어오르는 무리 / 환경질점수: 없음 / 보이는 곳: 유수역(평지하천, 강), 정수역(연못, 저수지)

머리 가운데에는
세로 줄무늬가 3개,
양 옆에는 1쌍이 있다.

나뭇잎을 직사각형으로 잘라
나선형으로 돌려 긴 원통형 집을
짓는다.

앞가슴 위와 아래에
굵은 가로 줄무늬가 있다.

물명나방류

크기: 10~20㎜ / 먹는 방법: 썰어먹는 무리, 긁어먹는 무리 / 행동: 기어오르는 무리 / 환경질점
수: 없음 / 보이는 곳: 유수역(평지하천, 강), 정수역(논, 연못, 저수지)

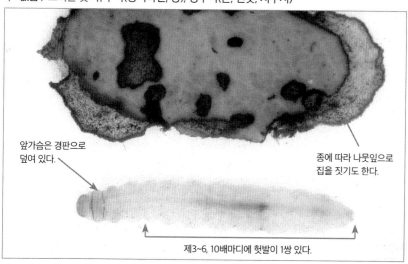

앞가슴은 경판으로
덮여 있다.

종에 따라 나뭇잎으로
집을 짓기도 한다.

제3~6, 10배마디에 헛발이 1쌍 있다.

참고문헌

국립생물자원관. 2011. 한반도 고유종 총람. 451pp.

국립생물자원관. 2014. 국가 생물종 목록 「무척추동물-Ⅴ」. 233pp.

국립생물자원관. 2015. 국가 생물종 목록 「무척추동물-Ⅵ」. 206pp.

국립생물자원관. 2015. 국가 생물종 목록 「무척추동물-Ⅶ」. 546pp.

국립생태원. 2016. 제4차 전국자연환경조사 지침.

국립환경과학원. 2016. 생물측정망 조사 및 평가지침. 313pp.

권순직, 전영철, 박재흥. 2013. 물속생물도감. 자연과생태. 791pp.

권오길. 1990. 한국동식물도감 제32권 동물편 (연체동물 I). 문교부. 446pp.

권오길, 민덕기, 이종락, 이준상, 제종길, 최병래. 2001. 신원색한국패류도감. 한글. 332pp.

김명철, 천승필, 이존국. 2013. 하천생태계와 저서성 대형무척추동물. 지오북. 483pp.

김훈수. 1977. 한국동식물도감 제19권 동물편(새우류). 문교부. 414pp.

박해철, 심하식, 황정훈, 강태화, 이희아 등. 2008. 우리 농촌에서 쉽게 찾는 물살이 곤충. 농촌진흥청 농업과학기술원. 349pp.

배연재, 박선영, 황정미. 1998. 깡장하루살이(하루살이목: 꼬마하루살이과) 유충의 기재 및 한국산 꼬마하루살이과 유충의 검색표. 한국육수학회지. 31(4): 282-286.

송광래. 1995. 한국산 거머리강(환형동물문)의 분류. 고려대학교 석사학위논문. 57pp.

원두희, 권순직, 전영철. 2005. 한국의 수서곤충. 생태조사단. 415pp.

윤일병. 1988. 한국동식물도감 제30권 동물편(수서곤충류). 문교부. 840pp.

윤일병. 1995. 수서곤충검색도설. 정행사. 262pp.

정광수. 2011. 한국의 잠자리 유충. 자연과생태. 399pp.

정상우, 이대현, 함순아, 허준미, 황정미, 배연재. 한국산 수서곤충의 개정목록. 2011. 곤충연구지. 27: 37-52.

한국곤충학회. 1994. 한국곤충명집. 한국곤충학회 건국대 출판부. 744pp.

한국동물분류학회. 1997. 한국동물명집. 아카데미서적. 488pp.

환경부. 2000. 제2차 전국자연환경 조사 지침. - 담수어류, 육상곤충, 저서성 대형무척추동물 -.

환경부 국립환경과학원. 2013. 한국산 저서성 대형무척추동물 생태도감. 483pp.

황정훈. 2006. 한국산 날도래목의 분류학적 연구. 고려대학교 박사학위 논문. 251pp.

Hwang, J. M. and Murányi, D. 2015. Checklist of the Korean Plecoptera. Entomol. Res. Bull. 31(2): 120-125.

Merritt, R. W. and Cummins, K. W. 1996. An Introduction to the Aquatic Insects of North America. 3rd ed. Kendall/ Hunt Publ. Co.

Park, S. J., Inaba, S., Nozaki, T., Kong, D. S. 2017. One New Species and Four New Records of Caddisflies (Insecta: Trichoptera) from the Korean Peninsula. Anim. Syst. Evol. Divers. 33(1): 1-7.

플라나리아 무리

플라나리아과
플라나리아 *Dugesia japonica* Ichikawa and Kawakatsu, 1964
산골플라나리아 *Phagocata vivida* (Ijima and Kaburaki, 1916)

연가시 무리

연가시과
연가시 *Gordius aquaticus* Linnaeus, 1758

이끼벌레 무리

빗이끼벌레과
큰빗이끼벌레 *Pectinatella magnifica* (Leidy, 1851)

복족 무리

갈고둥과
기수갈고둥 *Clithon retropictus* (v. Martens, 1879)

논우렁이과
논우렁이 *Cipangopaludina chinensis malleata* (Reeve, 1863)
강우렁이 *Sinotaia quadrata* (Benson, 1842)

사과우렁이과
왕우렁이 *Pomacea canaliculata* (Lamarck, 1822)

쇠우렁이과
쇠우렁이 *Parafossarulus manchouricus* (Bourguignat, 1860)

다슬기과
염주알다슬기 *Koreanomelania nodifila* (v. Martens, 1886)
띠구슬다슬기 *Koreoleptoxis globus ovalis* Burch and Jung, 1987
주름다슬기 *Semisulcospira forticosta* (v. Martens, 1886)
곳체다슬기 *Semisulcospira gottschei* (v. Martens, 1886)
다슬기 *Semisulcospira libertina* (Gould, 1859)
좀주름다슬기 *Semisulcospira tegulata* (v. Martens, 1894)

물달팽이과
물달팽이 *Radix auricularia* (Linnaeus, 1758)

왼돌이물달팽이과
왼돌이물달팽이 *Physa acuta* Drapamaud, 1805

또아리물달팽이과
또아리물달팽이 *Gyraulus convexiusculus* (Hutton, 1849)
수정또아리물달팽이 *Hippeutis cantori* (Benson, 1850)

민물삿갓조개과
민물삿갓조개 *Laevapex nipponicus* (Kuroda, 1947)

뾰족쩸물우렁이과
뾰족쩸물우렁이 *Oxyloma birasei* (Pilsbry, 1901)

이매패 무리

홍합과
민물담치 *Limnoperna fortunei* (Dunker, 1857)

석패과
대칭이 *Anodonta arcaeformis* Heude, 1877
펄조개 *Anodonta woodiana* (Lea, 1834)
귀이빨대칭이 *Cristaria plicata* (Leach, 1814)
부채두드럭조개 *Inversiunio verrusosus* Kondo et al., 2007
두드럭조개 *Lamprotula coreana* (v. Martens, 1905)
곳체두드럭조개 *Lamprotula leai* (Griffith and Pidgeon, 1834)
칼조개 *Lanceolaria grayana* (Lea, 1834)
민납작조개 *Pronodularia seomjinensis* Kondo et al., 2007
도끼조개 *Solenaia triangularis* (Heude, 1885)
말조개 *Unio douglasiae* Griffith and Pidgeon, 1834
작은말조개 *Unio douglasiae sinuolatus* v. Martens, 1905

재첩과
참재첩 *Corbicula leana* Prime, 1864

산골과
삼각산골조개 *Sphaerium lacustre japonicum* Westerlund, 1883
산골조개 *Pisidium coreanum* Kwon, 1990

지렁이 무리

실지렁이과
아가미지렁이 *Branchiura sowerbyi* Beddard, 1892
실지렁이 *Limnodrilus gotoi* Hatai, 1899

거머리 무리

넙적거머리과
조개넙적거머리 *Alboglossiphonia lata* (Oka, 1910)
갈색넙적거머리 *Glossiphonia complanata* (Linnaeus, 1758)
곤봉넙적거머리 *Hemiclepsis japonica* (Oka, 1910)
개구리넙적거머리 *Toryx tagoi* (Oka, 1925)

거머리과
참거머리 *Hirudo nipponica* Whitman, 1886
갈색말거머리 *Whitmania acranulata* (Whitman, 1886)
녹색말거머리 *Whitmania edentula* (Whitman, 1886)
말거머리 *Whitmania pigra* (Whitman, 1884)

돌거머리과
돌거머리 *Erpobdella lineata* (Müller, 1774)

새각 무리

가지머리풍년새우과
풍년새우 *Branchinella kugenumaensis* (Ishikawa, 1895)

투구새우과
긴꼬리투구새우 *Triops longicaudatus* (LeConte, 1846)

참조개벌레과
털줄뾰족코조개벌레 *Caenestheriella gifuensis* (Ishikawa, 1895)

연갑 무리

잔벌레과
잔벌레류 *Gnorimosphaeroma* sp.

물벌레과
물벌레 *Asellus* (*Asellus*) *bilgendorfii* Bovallius, 1886

옆새우과
보통옆새우 *Gammarus sobaegensis* Uéno, 1966

새뱅이과
새뱅이 *Caridina denticulata denticulata* De Haan, 1844

징거미새우과
두드럭징거미새우 *Macrobrachium equidens* (Dana, 1852)
징거미새우 *Macrobrachium nipponense* (De Haan, 1849)
줄새우 *Palaemon paucidens* De Haan, 1844

가재과
가재 *Cambaroides similis* (Koelbel, 1892)

사각게과
말똥게 *Chiromantes debaani* H. Milne Edwards, 1853
도둑게 *Chiromantes haematocheir* (De Haan, 1833)
붉은발말똥게 *Sesarmops intermedius* (De Haan, 1835)

참게과
참게 *Eriocheir sinensis* H. Milne Edwards, 1853

하루살이 무리

갈래하루살이과
세갈래하루살이 *Choroterpes* (*Euthraulus*) *altioculus* Kluge, 1984
두갈래하루살이 *Paraleptophlebia japonica* (Matsumura, 1931)
여러갈래하루살이 *Thraulus grandis* Gose, 1980

흰하루살이과
흰하루살이 *Ephoron shigae* (Takahashi, 1924)

강하루살이과
작은강하루살이 *Potamanthus formosus* Eaton, 1982
가람하루살이 *Potamanthus luteus oriens* Bae and McCafferty, 1991
강하루살이 *Rhoenanthus coreanus* (Yoon and Bae, 1985)

하루살이과
동양하루살이 *Ephemera orientalis* McLachlan, 1875
가는무늬하루살이 *Ephemera separigata* Bae, 1995

무늬하루살이 *Ephemera strigata* Eaton, 1892

알락하루살이과

민하루살이 *Cincticostella levanidovae* (Tshernova, 1952)
먹하루살이 *Cincticostella orientalis* (Tshernova, 1952)
뿔하루살이 *Drunella aculea* (Allen, 1971)
알통하루살이 *Drunella ishiyamana* Matsumura, 1931
쌍혹하루살이 *Drunella lepnevae* (Tshernova, 1949)
삼지창하루살이 *Drunella triacantha* (Tshernova, 1949)
긴꼬리하루살이 *Ephacerella longicaudata* (Uéno, 1928)
알락하루살이 *Ephemerella atagosana* Imanishi, 1937
범꼬리하루살이 *Serratella setigera* (Bajkova, 1967)
등줄하루살이 *Teloganopsis punctisetae* (Matsumura, 1931)

등딱지하루살이과

등딱지하루살이 *Caenis nishinoae* Malzacher, 1996

방패하루살이과

방패하루살이 *Potamanthellus chinensis* Hsu, 1935

빗자루하루살이과

빗자루하루살이 *Isonychia japonica* (Ulmer, 1919)

납작하루살이과

맵시하루살이 *Bleptus fasciatus* Eaton, 1885
봄처녀하루살이 *Cinygmula grandifolia* Tshernova, 1952
몽땅하루살이 *Ecdyonurus bajkovae* Kluge, 1986
참납작하루살이 *Ecdyonurus dracon* Kluge, 1983
꼬리치레하루살이 *Ecdyonurus joernensis* Bengtsson, 1909
두점하루살이 *Ecdyonurus kibunensis* Imanishi, 1936
네점하루살이 *Ecdyonurus levis* (Navás, 1912)
흰부채하루살이 *Epeorus nipponicus* (Uéno, 1931)
부채하루살이 *Epeorus pellucidus* (Brodsky, 1930)
햇님하루살이 *Heptagenia kihada* Matsumura, 1931
총채하루살이 *Heptagenia kyotoensis* Gose, 1963
깊은골하루살이 *Rhithrogena binotata* Sinitshenkova, 1982

피라미하루살이과

피라미하루살이 *Ameletus costalis* (Matsumura, 1931)
멧피라미하루살이 *Ameletus montanus* Imanishi, 1930

꼬마하루살이과

깨알하루살이 *Acentrella gnom* (Kluge, 1983)
콩알하루살이 *Acentrella sibirica* (Kazlauskas, 1963)

길쭉하루살이 *Alainites muticus* (Linnaeus, 1758)
애호랑하루살이 *Baetiella tuberculata* (Kazlauskas, 1963)
개똥하루살이 *Baetis fuscatus* (Linnaeus, 1761)
감초하루살이 *Baetis silvaticus* Kluge, 1983
방울하루살이 *Baetis ursinus* Kazlauskas, 1963
연못하루살이 *Cloeon dipterum* (Linnaeus, 1761)
입술하루살이 *Labiobaetis atrebatinus* (Eaton, 1870)
깝장하루살이 *Nigrobaetis bacillus* (Kluge, 1983)
작은갈고리하루살이 *Procloeon maritimum* (Kluge, 1983)
갈고리하루살이 *Procloeon pennulatum* (Eaton, 1870)

옛하루살이과

옛하루살이 *Siphlonurus chankae* Tshernova, 1952

잠자리 무리

물잠자리과

검은물잠자리 *Calopteryx atrata* Selys, 1853
물잠자리 *Calopteryx japonica* Selys, 1869

실잠자리과

등검은실잠자리 *Paracercion calamorum* (Ris, 1916)
아시아실잠자리 *Ischnura asiatica* (Brauer, 1865)
노란실잠자리 *Ceriagrion melanurum* Selys, 1876

방울실잠자리과

방울실잠자리 *Platycnemis phyllopoda* Djakonov, 1926
큰자실잠자리 *Copera tokyoensis* Asahina, 1948

청실잠자리과

큰청실잠자리 *Lestes temporalis* Selys, 1883

왕잠자리과

개미허리왕잠자리 *Boyeria maclachlani* (Selys, 1883)
긴무늬왕잠자리 *Aeschnophlebia longistigma* Selys, 1883
큰무늬왕잠자리 *Aeschnophlebia anisoptera* Selys, 1883
별박이왕잠자리 *Aeshna juncea* (Linnaeus, 1758)
참별박이왕잠자리 *Aeshna crenata* Hagen, 1856
왕잠자리 *Anax parthenope julius* Brauer, 1865
먹줄왕잠자리 *Anax nigrofasciatus* Oguma, 1915

측범잠자리과

마아키측범잠자리 *Anisogomphus maacki* (Selys, 1872)

어리측범잠자리 *Shaogomphus postocularis* (Selys, 1869)

호리측범잠자리 *Stylurus annulatus* Djakonov, 1926

쇠측범잠자리 *Davidius lunatus* (Bartenef, 1914)

검정측범잠자리 *Trigomphus nigripes* (Selys, 1887)

가시측범잠자리 *Trigomphus citimus* Needham, 1931

노란측범잠자리 *Lamelligomphus ringens* (Needham, 1930)

측범잠자리 *Ophiogomphus obscurus* Bartenef, 1909

어리장수잠자리 *Sieboldius albardae* Selys, 1886

어리부채장수잠자리 *Gomphidia confluens* Selys, 1854

장수잠자리과

장수잠자리 *Anotogaster sieboldii* (Selys, 1854)

청동잠자리과

언저리잠자리 *Epitheca marginata* (Selys, 1883)

밑노란잠자리 *Somatochlora graeseri* Selys, 1887

백두산북방잠자리 *Somatochlora clavata* Oguma, 1913

잔산잠자리과

산잠자리 *Epophthalmia elegans* (Brauer, 1865)

잔산잠자리 *Macromia amphigena* Selys, 1871

노란잔산잠자리 *Macromia daimoji* Okumura, 1949

만주잔산잠자리 *Macromia manchurica* Asahina, 1964

잠자리과

대모잠자리 *Libellula angelina* Selys, 1883

넉점박이잠자리 *Libellula quadrimaculata* Linnaeus, 1758

밀잠자리 *Orthetrum albistylum* Selys, 1848

큰밀잠자리 *Orthetrum melania* (Selys, 1878)

꼬마잠자리 *Nannophya pygmaea* Rambur, 1842

배치레잠자리 *Lyriothemis pachygastra* (Selys, 1878)

고추잠자리 *Crocothemis servilia* (Drury, 1773)

밀잠자리붙이 *Deielia phaon* (Selys, 1883)

고추좀잠자리 *Sympetrum frequens* Selys, 1883

두점박이좀잠자리 *Sympetrum eroticum* (Selys, 1883)

깃동잠자리 *Sympetrum infuscatum* (Selys, 1883)

노란허리잠자리 *Pseudothemis zonata* (Burmeister, 1839)

된장잠자리 *Pantala flavescens* (Fabricius, 1798)

나비잠자리 *Rhyothemis fuliginosa* Selys, 1883

강도래 무리

민날개강도래과

민날개강도래 *Scopura laminata* Uchida, 1987

한국민날개강도래 *Scopura scorea* Jin and Bae, 2005

지리산민날개강도래 *Scopura jiri* Jin and Bae, 2005

메추리강도래과

메추리강도래류 *Taenionema* sp.

민강도래과

총채민강도래 *Amphinemura coreana* Zwick, 1973

총채민강도래 KUa *Amphinemura* KUa

민강도래 KUa *Nemoura* KUa

민강도래 KUb *Nemoura* KUb

삼새민강도래 *Protonemura villosa* Ham and Lee, 1999

꼬마강도래과

새발강도래 *Megaleuctra saebat* Ham and Bae, 2002

꼬마강도래 *Perlomyia mahunkai* (Zwick, 1973)

넓은가슴강도래과

넓은가슴강도래 *Yoraperla uchidai* Stark and Nelson, 1994

큰그물강도래과

큰그물강도래 *Pteronarcys sachalina* Klapálek, 1908

그물강도래과

줄강도래 KUa *Isoperla* KUa

그물강도래붙이 *Stavsolus japonicus* (Okamoto, 1912)

그물강도래 *Megarcys ochracea* Klapálek, 1912

점등그물강도래 KUa *Perlodes* KUa

강도래과

한국강도래 *Kamimuria coreana* Ra, Kim, Kang, and Ham, 1994

무늬강도래 *Kiotina decorata* (Zwick, 1973)

두눈강도래 *Neoperla coreensis* Ra, Kim, Kang, and Ham, 1994

진강도래 *Oyamia nigribasis* Banks, 1920

강도래붙이 *Paragnetina flavotincta* (McLachlan, 1872)

녹색강도래과

녹색강도래 *Sweltsa nikkoensis* (Okamoto, 1912)

노린재 무리

물벌레과

왕물벌레 *Hesperocorixa bokkensis* (Matsumura, 1905)

꼬마물벌레 *Micronecta sedula* Horváth, 1905

방물벌레 *Sigara substriata* (Uhler, 1896)

송장헤엄치게과

남쪽애송장헤엄치게 *Anisops kuroiwae* Matsumura, 1915

송장헤엄치게 *Notonecta triguttata* Motschulsky, 1861

둥글물벌레과

꼬마둥글물벌레 *Paraplea indistinguenda* (Matsumura, 1905)

물둥구리과

물둥구리 *Ilyocoris exclamationis* (Scott, 1874)

물빈대과

물빈대 *Aphelocheirus nawae* Nawa, 1905

물장군과

물자라 *Appasus japonicus* Vuillefroy, 1864

각시물자라 *Diplonychus esakii* Miyamoto and Lee, 1966

물장군 *Lethocerus deyrollei* (Vuillefroy, 1864)

장구애비과

장구애비 *Laccotrephes japonensis* Scott, 1874

메추리장구애비 *Nepa hoffmanni* Esaki, 1925

게아재비 *Ranatra chinensis* Mayr, 1865

방게아재비 *Ranatra unicolor* Scott, 1874

실소금쟁이과

실소금쟁이 *Hydrometra albolineata* (Scott, 1874)

소금쟁이과

소금쟁이 *Aquaris paludum* (Fabricius, 1794)

광대소금쟁이 *Metrocoris histrio* (White, 1883)

뱀잠자리 무리

좀뱀잠자리과

좀뱀잠자리 KUa *Sialis* KUa

뱀잠자리과

뱀잠자리붙이 *Parachauliodes asahinai* Liu, Hayashi, and Yang, 2008

노란뱀잠자리 *Protohermes xanthodes* Navás, 1913

딱정벌레 무리

물방개과

땅콩물방개 *Agabus japonicus* Sharp, 1873

큰땅콩물방개 *Agabus regimbarti* Zaitzev, 1906

검정물방개 *Cybister brevis* Aubé, 1838

물방개 *Cybister chinensis* Motschulsky, 1854

아담스물방개 *Graphoderus adamsii* (Clark, 1864)

줄무늬물방개 *Hydaticus bowringii* Clark, 1864

큰알락물방개 *Hydaticus conspersus* Régimbart, 1899

꼬마줄물방개 *Hydaticus grammicus* (Germar, 1830)

꼬마물방개 *Hydroglyphus japonicus* (Sharp, 1873)

가는줄물방개 *Hygrotus chinensis* Sharp, 1882

알물방개 *Hyphydrus japonicus* Sharp, 1873

모래무지물방개 *Ilybius apicalis* Sharp, 1873

깨알물방개 *Laccophilus difficilis* Sharp, 1873

혹외줄물방개 *Nebrioporus hostilis* (Sharp, 1884)

노랑무늬물방개 *Oreodytes natrix* (Sharp, 1884)

노랑테공알물방개 *Platambus fimbriatus* Sharp, 1884

애기물방개 *Rhantus suturalis* (Macleay, 1825)

자색물방개과

노랑띠물방개 *Canthydrus politus* (Sharp, 1873)

자색물방개 *Noterus japonicus* Sharp, 1873

물맴이과

왕물맴이 *Dineutes orientalis* (Modeer, 1776)

물맴이 *Gyrinus japonicus* Sharp, 1873

물진드기과

중국물진드기 *Peltodytes sinensis* (Hope, 1845)

물땡땡이과

알물땡땡이 *Amphiops mater* Sharp, 1873

뒷가시물땡땡이 *Berosus lewisius* Sharp, 1873

좀물땡땡이 *Helochares nipponicus* Hebauer, 1995

투구물땡땡이 *Helophorus auriculatus* Sharp, 1884

잔물땡땡이 *Hydrochara affinis* (Sharp, 1873)

물땡땡이 *Hydrophilus accuminatus* Motschulsky, 1854

애물땡땡이 *Sternolophus rufipes* (Fabricius, 1792)

알꽃벼룩과

알꽃벼룩류 Helodidae sp.

여울벌레과
긴다리여울벌레 Stenelmis vulgaris Nomura, 1958
여울벌레류 Elmidae spp.

물삿갓벌레과
둥근물삿갓벌레 KUa Eubrianax KUa
물삿갓벌레 KUa Mataeopsephus KUa
개울물삿갓벌레 KUa Malacopsephenoides KUa

반딧불이과
애반딧불이 Luciola lateralis Motschulsky, 1860

잎벌레과
일본잎벌레 Galerucella nipponensis (Laboissiere, 1922)

파리 무리

각다귀과
명주각다귀 KUa Antocha KUa
애기각다귀 KUa Dicranota KUa
검정날개각다귀 KUa Hexatoma KUa
장수각다귀 KUa Pedicia KUa
애아이노각다귀 Tipula latemarginata Alexander, 1921
각다귀 KUa Tipula KUa

나방파리과
나방파리 KUa Psychoda KUa

별모기과
별모기 KUa Dixa KUa

털모기과
털모기 KUa Chaoborus KUa

먹파리과
먹파리류 Simulium sp.

등에모기과
등에모기류 Ceratopogonidae sp.

깔따구과
깔따구류 Chironomidae spp.

멧모기과
물멧모기 KUa Bibiocephala KUa
멧모기 KUa Philorus KUa

개울등에과
개울등에 KUa Atherix KUa
긴개울등에 KUb Suragina KUb

동애등에과
줄동애등에 KUa Stratiomyia KUa

춤파리과
춤파리류 Empididae sp.

등에과
여린황등에 Tabanus kinoshitai Kono and Takahasi, 1939

꽃등에과
흰줄꽃등에 KUa Eristalis KUa

물가파리과
물가파리류 Ephydridae sp.

모기과
숲모기류 Aedes sp.
얼룩날개모기류 Anopheles sp.
집모기류 Culex sp.

날도래 무리

물날도래과
주름물날도래 Rhyacophila articulata Morton, 1900
넓은머리물날도래 Rhyacophila brevicephala Iwata, 1927
크레멘스물날도래 Rhyacophila clemens Tsuda, 1940
물날도래 KUa Rhyacophila KUa
거친물날도래 Rhyacophila impar Martynov, 1914
무늬물날도래 Rhyacophila narvae Navás, 1926
검은머리물날도래 Rhyacophila nigrocephala Iwata, 1927
용수물날도래 Rhyacophila retracta Martynov, 1914
곤봉물날도래 Rhyacophila yamanakensis Iwata, 1927

애날도래과
애날도래 KUa Hydroptila KUa

긴발톱물날도래과
긴발톱물날도래 KUa *Apsilochorema* KUa

광택날도래과
광택날도래 KUa *Glossosoma* KUa

입술날도래과
넓은입술날도래 KUa *Dolophilodes* KUa
입술날도래 KUa *Wormaldia* KUa

각날도래과
연날개수염치레각날도래 *Stenopsyche bergeri* Martynov, 1926
각날도래류(국명 미정) *Stenopsyche marmorata* Navás, 1920

곰줄날도래과
곰줄날도래 *Arctopsyche ladogensis* (Kolenati, 1859)

줄날도래과
꼬마줄날도래 *Cheumatopsyche brevilineata* Iwata, 1927
꼬마줄날도래 KUa *Cheumatopsyche* KUa
꼬마줄날도래 KUb *Cheumatopsyche* KUb
산골줄날도래 *Diplectrona kibuneana* Tsuda, 1940
줄날도래 *Hydropsyche kozhantschikovi* Martynov, 1924
동양줄날도래 *Hydropsyche orientalis* Martynov, 1934
흰점줄날도래 *Hydropsyche valvata* Martynov, 1927
줄날도래 KD *Hydropsyche* KD
큰줄날도래 *Macrostemum radiatum* McLachlan, 1872

깃날도래과
깃날도래 KUa *Plectrocnemia* KUa

별날도래과
별날도래 *Ecnomus tenellus* (Rambur, 1842)

통날도래과
통날도래 KUa *Psychomyia* KUa

날도래과
굴뚝날도래 *Semblis phalaenoides* (Linnaeus, 1785)
단발날도래 *Agrypnia pagetana* Curtis, 1835

둥근날개날도래과
둥근날개날도래 *Phryganopsyche latipennis* (Banks, 1906)

둥근얼굴날도래과
둥근얼굴날도래 *Micrasema hanasense* Tsuda, 1942

우묵날도래과
캄차카우묵날도래 *Ecclisomyia kamtshatica* (Martynov, 1914)
띠무늬우묵날도래 *Hydatophylax nigrovittatus* (McLachlan, 1872)
갈색우묵날도래 KUa *Nothopsyche* KUa

가시날도래과
일본가시날도래 *Goera japonica* Banks, 1906

가시우묵날도래과
가시우묵날도래 *Neophylax ussuriensis* Martynov, 1914

애우묵날도래과
큰애우묵날도래 *Apatania maritima* Ivanov and Levanidova, 1993

네모집날도래과
네모집날도래 KUb *Lepidostoma* KUb

털날도래과
털날도래 KUa *Gumaga* KUa

날개날도래과
날개날도래 *Molanna moesta* Banks, 1906

바수염날도래과
바수염날도래 *Psilotreta kisoensis* Iwata, 1928

채다리날도래과
채다리날도래류(국명 미정) *Anisocentropus minutus* Martynov, 1930

나비날도래과
나비날도래류 *Ceraclea* sp.
청나비날도래 KUa *Mystacides* KUa

나비 무리

명나방과
명나방류 *Pyralidae* sp.

찾아보기